我们爱科学 精品书系

唐猴沙猪学数学丛书

寒木钓萌／著

难寻 NANXUN 神秘数 SHENMISHU

中国少年儿童新闻出版总社
中国少年儿童出版社
北京

图书在版编目（CIP）数据

难寻神秘数 / 寒木钓萌著 . -- 北京 : 中国少年儿童出版社 , 2020.9

（我们爱科学精品书系 . 唐猴沙猪学数学丛书）

ISBN 978-7-5148-6372-7

Ⅰ . ①难… Ⅱ . ①寒… Ⅲ . ①数学 – 少儿读物 Ⅳ . ① O1–49

中国版本图书馆 CIP 数据核字（2020）第 166462 号

NANXUN SHENMISHU

（我们爱科学精品书系·唐猴沙猪学数学丛书）

出版发行：中国少年儿童新闻出版总社
中国少年儿童出版社

出 版 人：孙柱

执行出版人：赵恒峰

策划、主编：王荣伟	著：寒木钓萌
责任编辑：万顿	封面设计：森山
插　图：孙轶彬	装帧设计：梁婷
责任印务：刘潋	

社　址：北京市朝阳区建国门外大街丙 12 号	邮政编码：100022
编辑部：010-57526126	总编室：010-57526070
发行部：010-57526608	官方网址：www.ccppg.cn

印刷：北京盛通印刷股份有限公司

开本：720mm×1000mm　1/16　　　　印张：9

版次：2020 年 9 月第 1 版　　印次：2020 年 9 月北京第 1 次印刷

字数：200 千字

ISBN 978-7-5148-6372-7　　　　定价：30.00 元

图书出版质量投诉电话 010-57526069，电子邮箱：cbzlts@ccppg.com.cn

作 者 的 话

  我一直很喜欢《西游记》里面的唐猴沙猪，多年前，当我把这四个人物融入到"微观世界历险记"等科普图书中时，发现孩子们非常喜欢。后来，这套书还获了奖，被科技部评为2016年全国优秀科普作品。

  既然小读者们都熟悉，并且喜爱唐猴沙猪这四个人物，那我们为什么不把他们融入到数学科普故事中呢？

  这就是本套丛书"唐猴沙猪学数学"的由来。写这套丛书的时候我有不少感悟。其中一个是，数学的重要不光体现在平时的考试上，实际上它能影响人的一生。另一个感悟是，原来数学是这么的有趣。

  然而，要想体会到这种有趣是需要很高的门槛的。这直接导致很多小学生看不懂一些趣味横生、同时又非常实用的数学原理。于是，趣味没了，只剩下了难和枯燥。

  解决这个问题就是我写"唐猴沙猪学数学"丛书的初衷。通过唐猴沙猪这四个小读者们喜闻乐见的人物，先编出有趣的故事，再把他们遇到的数学问题掰开揉碎了说。一开始，我也不知道这种模式是否可行，直到我在几年前撰写出"数学西游记"丛书，收到了大量的读者反馈后，这才有了信心。

  后来，有个小读者通过寒木钓萌微信公众号联系到我。他说手上的书都快被翻烂了，因为要看几遍才过瘾。他还说，他们班上有不少同学之前是不喜欢数学的，而看了"数学西游记"丛书后就爱上了数学。

  因为读者，我增添了一份撰写"唐猴沙猪学数学"的动力。

  非常高兴，在《我们爱科学》主编和各位编辑的共同努力和帮助下，这套丛书终于出版了。

  衷心希望，"唐猴沙猪学数学"能让孩子们爱上数学，学好数学！

你们的大朋友：寒木钓萌

2020年9月

CONTENTS 目录

难　寻　神　秘　数

N　A　N　X　U　N

S　H　E　N　M　I　S　H　U

小唐同学受冷落

蒙蒙眈眈中，八戒睁开了睡眼。

"完了，我又睡着了！"八戒猛地坐起来，看了看大家，"我睡了多久？"

"哈哈，你睡了差不多1小时！"小唐同学笑道。

"你们都没睡？"八戒揉揉眼睛。

"只有寒老师睡了一会儿，我们都没睡。"悟空说，"我们睡不着，哪像你啊，简直就是……算了，不说了。"

"看来明天又是我挑担子了。"八戒自责地拍拍脑袋，"唉，我怎么又睡着了？"

小唐同学调侃道："估计除了吃，你最擅长的就是睡了。"

"猜3个人头发的颜色,这道题到底怎么做?你们快告诉我吧!"八戒没有理会小唐同学,而是急着问答案。

沙沙同学摇摇头:"我们都还没有做出来呢。"

"什么?"八戒大吃一惊,"1小时了,你们还没有做出来?"

"唉……"悟空叹了口气,向后一仰,躺在草地上,头枕着双手,愣愣地看着天。

"哈哈哈……"八戒忽然大笑起来。

"你笑什么?"小唐同学问。

"你们这次亏大了。"八戒指了指唐猴沙,"虽然我也没做出来,但至少还睡了1小时,现在精神百倍,而你们苦思冥想了那么久,估计都已经晕了吧?"

"别斗嘴了,快做题!"我走到唐猴沙猪旁边,"做完题咱们还得赶紧上路呢。"

听到我的话,八戒这才闭上嘴,开始思考起来。可40多分钟过去后,本来神清气爽的八戒也变得晕晕乎乎了。

"我有个提议。"八戒望着躺在草地上发呆的悟空,又看了看一脸沮丧的小唐同学,"我刚才浑身都是劲儿,也没有把题做出来,更甭提你们几个了。你们一刻也没

休息，怎么能做出这么难的题呢？要我说，这道题干脆作废，让寒老师再给咱们出一道简单的题，怎么样？"

"我没意见。"我说。

唐猴沙也表示同意。这道题困扰了他们将近2小时，在做新题之前，他们希望我马上揭晓这道题的答案。

「知识板块」

判断红与黑

题目回顾：一个被施了魔咒、多灾多难的村庄里有3个人，他们头发的颜色不是红色就是黑色。这3个人无法通过其他方式，比如照镜子，或者互相询问来确定自己头发的颜色，只能凭逻辑推理猜测。而且他们每人只有一次猜测的机会，如果猜对了，他们

就能离开这个可怕的村子；如果猜错了，他们就必须永远待在这里。

有一天，一个外地人来到了这个村子。他告诉村里的3个人，他们之中至少有一人是红头发，然后就离开了。第二天中午，3个人相约在广场中央见面。他们互相看了看，还是没能猜出自己头发的颜色。但是，晚上回去仔细思考后，有两人猜对了自己头发的颜色。第三天，只剩一个人孤零零地站在广场上，他回去后，也猜对了自己头发的颜色。请问：这3个人的头发分别是什么颜色？

下面我们来看解答。3个人头发的颜色有4种可能的组合，分别是：

种类	颜色组合
第一种	红红黑
第二种	黑黑红
第三种	红红红
第四种	黑黑黑

根据来到村里的外地人提供的信息"至少有一人是红头发"，现在可以排除第四种全黑的组合。

听了那个外地人的话，第二天中午，3个人来到广场见面，可是谁都没有猜出自己头发的颜色。这说明第二种组合"黑黑红"也是不成立的。这是为什么呢？

因为如果是"黑黑红"的话，那么根据"至少有一人是红头发"的信息，红头发的那个人肯定会看到对面两人都是黑头发，从而立即判断出自己一定是红头发。当时没有一个人猜出自己头发的颜色，说明"黑黑红"这种组合不成立。

中午没有人能当场判断，但晚上回去后，他们之中就有两人猜对了，这说明颜色组合必定是"红红黑"。这又是为什么呢？

试想一下，假如你就是其中一个人，并且是红头发（你此时还不知道自己是红头发），那么你就会看到另外两个人，一个是红头发，一个是黑头发。此时你虽然无法判断自己头发的颜色是红色还是黑色，但你可以观察其他两人的反应。如果你的头发是黑色的，那么你们3个人头发的颜色就是"黑黑红"的组合了。刚才分析过，如果是"黑黑红"，肯定会有人能立刻判断出自己头发的颜色。由于大家都没有判断出来，那么经过思考，你就会猜出自己头发的颜色应该是红色。

另一个红头发的人也会跟你有一样的想法，所以晚上回去后，你们都猜对了自己的头发是红色的。

第三天，只剩下一个人了。因为另外两个人都猜对了自己是红头发，已经离开了村子。此时，剩下的那个人也能明白过来：自己当时看到另外两个人都是红头发，他们同时猜对了头发的颜色，离开了村子，而自己却没能猜出来，这说明自己的头发跟他们的颜色不同，自己应该是黑头发。因此，"红红黑"这种组合是对的。

可是，为什么不能是"红红红"这种组合呢？显然，假如是"红红红"，那么这3个人不管是谁，看到另外两个人都是红头发，晚上回去后还是不敢判断自己头发的颜色，到了第三天中午，3个人还是会在广场见面。这种假设跟题中所描述的"第三天，只剩一个人孤零零地站在广场上"矛盾，因此，"红红红"这种组合可以被排除掉。

总之，做这种数学题时，用假设法一步一步推断，最后就能得出正确答案。

"哎呀！"八戒感叹道，"原来是这样！"

悟空噌的一下站了起来："我怎么没想到用排除法解题呢。要是早点儿把4种组合方式列出来，我敢肯定，用不了10分钟我就知道答案了。"

"对呀！"小唐同学也说，"主要是咱们不知道解题的思路。如果再有一个类似的题目，咱们就知道该怎么做了。"

"真的吗？"我说，"要不咱们趁热打铁，再来试一个类似的题目，敢不敢？"

八戒马上站了起来："有什么不敢的，寒老师，你出题吧！"

"还是老规矩，谁最后没做出来，明天的担子就由谁挑。"我说。

"不不不——"沙沙同学连忙摆手，"这种题我还没完全弄明白，咱们就当是练习，不附加任何条件，好不好？"

"我当然没意见啦。"说完，我看向唐猴猪。

"也行。"小唐同学说，"那就当是做练习题吧。"

"好，我开始出题了。"我说，"题目是这样的：从前有一个国王，他有一个漂亮的女儿，也就是公主。3个非常有才华的人同时喜欢上了这位公主，每个人都希望公主能够嫁给自己，而公主对这3个人不太了解，不知道该选谁作为自己未来的丈夫。

"国王很爱自己的女儿，希望她能嫁给最聪明的那个人。但是国王并不知道这3个人之中到底谁最聪明。

后来，一个大臣给国王出了一个主意，国王立刻采纳了。

"国王让这3个人坐在一间屋子里，并确保每个人都能看到另外的两个人。接着，国王向他们展示了5顶帽子，有2顶是黑色的，有3顶是白色的。接下来，国王命令仆人给这3个人蒙上眼睛，给他们每人戴了1顶帽子，然后把剩下的2顶帽子拿到屋外，不让那3个人知道它们的颜色。

"3个人睁开眼睛后，只能看到其他人戴的帽子，看不见自己戴的帽子。国王对他们说：'谁能够最快推断出自己头上帽子的颜色，公主就嫁给谁。为了防止有人碰运气胡乱猜测，如果谁说错了会立

即被淘汰，不能再参与竞争。好了，你们开始推断吧！'

"现在，假设你就是其中一个人，能看到对面两个人都戴着白帽子，而且，过了一段时间，你发现对面的两个人都没有说出答案，或者说，他们还不确定，不敢直接猜答案。那么请问：你的帽子是白色的还是黑色的？"

"题目说完了？"八戒问。

"是的，说完了，你们开始做题吧。"

悟空伸了个懒腰，说："这道题跟之前的题有些类似，但是又不相同，听起来还是有些难度的。"

"可别仅仅靠想，脑子一乱，不一定能想出答案哦。"我说。

八戒看了我一眼，一个箭步跳到箱子旁边。大家都以为他会拿出纸和笔进行演算，谁知，他拿起 3 张白纸，径直走到小唐同学跟前，把 1 张白纸放在了小唐同学的头顶。众人一看小唐同学不知所措的样子，都笑了起来。

"干什么？干什么？"小唐同学一把推开八戒，把纸从头上拿了下来。

"你……"八戒皱着眉，"师父，咱们互相演示一下，不行吗？"

"演示？把白纸当成帽子？"小唐同学不屑地摇摇

头，"我才不呢。"

"好好好。"八戒无奈地转过头，对悟空和沙沙同学说，"猴哥、沙师弟，那咱们3个人来演示一下吧。"

悟空和沙沙同学对望了一眼，没有说话，默默地同意了。于是，八戒把2张白纸分别放在悟空和沙沙同学头上，然后自己也顶起1张白纸。

"不对，应该再拿2张黑纸来代表黑帽子。"沙沙同学头顶白纸，一副小心翼翼的样子，生怕白纸会掉下来。

小唐同学待在旁边，看见徒儿们的滑稽模样，忍不住捂着嘴偷笑。

八戒扶了扶头顶的纸，说道："沙师弟，咱们去哪里找黑纸呀，只能先凑合一下，你可以把白纸想象成黑纸嘛。"

"别说话了，好吗？赶紧做题！"我说。

悟空、八戒和沙沙同学坐在一起，你看看我，我看看你，陷入了紧张的思考中。他们怕纸掉下来，都用双手压在头上。小唐同学一看，这3个人坐在草地上，用手抱着头，还睁大眼睛看着对方，便又忍不住笑得前仰后合。

过了十几分钟，3个人有点儿累了，胳膊又酸又疼。

沙沙同学突然说："可惜！真是太可惜了！"说着，沙沙同学把头上的纸拿了下来。

"可惜什么呀？"小唐同学不屑地抱着胳膊，"你是说，可惜咱们的箱子里没有黑纸吗？我说你们几个，保持那样的姿势那么长时间，多累呀！"

"不是。"沙沙同学摇摇头，"我之所以觉得可惜，是因为我做出了这道题，而这道题却没有附加任何条件。"

"什么？"小唐同学一下蹦到了沙沙同学跟前，"你是怎么做出来的？"

"人家凭什么告诉你？"八戒也扯下自己头上的纸。

"谁稀罕！"小唐同学拍了拍屁股，走到旁边的草地上坐下来，"哼，反正我做不出这道题也不用挑担子。"

悟空和八戒没再多说什么，继续专心思考。大约过了半小时，两人都做出来了。

"太好了！"八戒站起来，一脸满足。悟空则眯着眼瞄了瞄太阳，说道："咱们该上路了，现在估计都10点了。"

"等等！"小唐同学急了，"寒老师还没有说解题过程呢，先等他说完再走。"

我头也没回，大踏步向前走去，边走边说："猴沙猪都做出来了，我再讲还有什么意思？你不知道答案可以问问他们啊！八戒应该很愿意当老师哦。"

"这……"小唐同学一人落在后面，满脸尴尬。

我们走在前面，有说有笑，此刻的小唐同学走在最后，还在思考那道题。在草原上走了四五十分钟，突然，小唐同学大喊道："哈哈！我也做出来了！"

小唐同学蹦蹦跳跳地凑到八戒旁边："嘿嘿，我也做出来了。"

"我不相信。"八戒说完，又歪头跟悟空聊天。

"不相信？"小唐同学急了，"我真的做出来了，是白帽子！"

"不是白帽子就是黑帽子，随便猜一个都可以。"沙沙同学挑着担子说，"师父，你得说出解题过程呀。"

"对，解题过程很重要。"悟空说，"不过，师父，我告诉你，你说的白帽子是错的。"

八戒责怪道："猴哥，你跟师父说这些干什么，这下他不就知道答案了吗？"

"没关系。"沙沙同学说，"大师兄又没有告诉师父解题过程。"

"哦，对！"小唐同学停下脚步，一副恍然大悟的样子，"我想起来了，确实是黑帽子，刚才我有点儿疏忽了。"

"八戒，你确实不该相信师父，他果然没做出来。"悟空朝八戒笑了笑。

"哈哈，我还不了解他？"八戒说，"师父老是这样，假装说做出来了，然后骗咱们把解题过程说出来。"

"八戒——你太过分了！"小唐同学气得直跺脚。

"过分的是你。"八戒噘起嘴，"我把纸放在你头上，让你跟我一起思考的时候，你还不乐意，最后没做出答案来，怨谁？"

小唐同学想起刚才的事也很后悔，硬着头皮小跑几步，来到八戒跟前："八戒，是为师不好，之前没明白你的意思。"

"后悔也来不及了。"八戒头也不回，"我才不会把解题过程告诉你呢。"

一听这话，小唐同学瞪了八戒一眼："哼！真是小心眼儿！"

我们就这么走着，太阳越升越高，眼看就到中午了。正好前面有几棵大树，我们快步走过去，在大树下面坐下来，准备吃饭。此刻，小唐同学还在十几米远的地方慢慢地走着，一直思考那道题。

吃饭时，猴沙猪有说有笑，唯独小唐同学低着头，面无表情地嚼着大饼，就像在嚼没味道的干草一样。

"师父，你别思考了。"八戒说，"有些题做不出来又怎样呢？你又不用挑担子，何必呢？"

"就是啊，师父。再说，这道题可没那么简单。"悟空说，"你就是思考一年，也不一定能做出来。"

"那怎么行？"沙沙同学望着八戒和悟空，一脸责怪，"你们怎么能让师父不去思考呢。假如师父放弃了这道题，岂不相当于承认了他就是咱们之中数学最差的，甚至比二师兄还差？你说是吧，师父？"

小唐同学还没说话，八戒就急了："沙师弟，你什么意思？什么叫比二师兄还差？我告诉你，俺老猪除了没有师父帅，就没有其他方面再比师父差了。"

沙沙同学仰头思考了一会儿，然后点点头："好像还真是。"

············

悟空、八戒和沙沙同学就这样你一言我一语地聊着，小唐同学的脸色随着他们的对话，一会儿白，一会儿红。

最后，小唐同学忍不住了，大吼一声："我不吃了！"接着，他向后一倒，躺在草地上，用双手遮住脸，大口喘气。

八戒一看，赶紧凑上去："师父，你怎么了？胃口不好吗？"

小唐同学依然不说话，还是大口喘气。过了一会儿，他终于开口了："寒老师，你真的不准备讲这道题吗？你是故意跟我过不去吗？"

"我……"我一时语塞，"小唐同学，你可别这么说，你这样让我很为难。"

"其实，可以讲一讲这道题的。"八戒建议道，"只要师父答应明天挑担子，寒老师说说也无妨。"

"我无所谓，只要你们意见统一就好。"我背着手说。

"好你个八戒，说来说去就是想让我挑担子！"小唐同学一下子坐起来，恶狠狠地瞪着八戒。

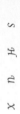

八戒被小唐同学吓到了，急忙后退。

"师父，我倒是有个两全其美的办法。"沙沙同学看着小唐同学，吞吞吐吐地说，"如果你今天……替我……挑担子，我就告诉你解题过程。这样，你只需要挑半天担子就行。师父，你……你说呢？"

沙沙同学说完，看到小唐同学那凌厉的眼神，内心一阵害怕，也赶紧往后退。

"成交！"没想到，小唐同学居然同意了。

悟空看向沙沙同学，捂着嘴偷笑："沙师弟，还是你有办法！"

"就是！"八戒附和道。

　　"你们的目的已经达到了，现在快告诉我解题过程吧。"小唐同学气鼓鼓地说。

　　"师父，其实你一开始说的白帽子是对的。大师兄说你是错的，那是在诈你呢。"沙沙同学说。

　　"哼，没关系，反正我根本就不知道答案是什么，我也是在诈你们呢。"小唐同学说，"关键是，你得给我说出解题过程。"

　　我们在大树下休息了十几分钟。等沙沙同学给小唐同学讲完题，我们才继续上路。

「知识板块」

用假设法猜帽子

假设你就是房间里的一个人，能看到对面的两个人，他们头上戴的都是白帽子，而且，过了一段时间，你发现对面的两个人都没有猜出答案，或者说，他们还不敢妄下定论。那么，请你推断出自己戴的帽子是什么颜色。

面对这种题，我们要一步一步地进行推理，在推理过程中排除可能的情况，或者像八戒他们那样，用实物做演示，也许能够更快地得到答案。

现在，我们按照八戒的做法来试一试。假如让悟空和沙沙同学各戴1顶白帽子，那么八戒头上的那顶帽子是什么颜色的呢？我们先画一个表格：

帽子的主人	帽子的颜色
悟空	白色
沙沙同学	白色
八戒	？

我们先假设八戒戴的是黑帽子。

帽子的主人	帽子的颜色
悟空	白色
沙沙同学	白色
八戒	黑色

此时，悟空能看到沙沙同学戴着白帽子，八戒戴着黑帽子。他心里会想：假如自己戴的也是黑帽子，那么沙师弟就会看到2顶黑帽子，而黑帽子总共只有2顶，所以，沙师弟一定能马上猜出自己戴的是白帽子。但是，沙师弟并没有第一个猜测答案，说明俺老孙头上戴的肯定也是白帽子。同样，沙沙同学看到悟空和八戒的帽子是一白一黑，也会跟悟空想得一样，认为自己戴的是白帽子。

这样一来，假如八戒戴的是黑帽子，那么没过多久，悟空和沙沙同学都可以猜出自己戴的是白帽子。这种假设显然不成立，跟题目中描述的"对面的两个人都没有说出答案，或者说，他们还不确定"矛盾。既然假设八戒戴着黑帽子不成立，那么不是黑就是白，八戒戴的帽子应该是白色的。

因此，答案是：3个人戴的都是白帽子。

伤心的大姐

知道了详细的解题过程后，小唐同学豁然开朗，露出笑容。不过，我们正准备上路时，小唐同学的脸又阴沉下来，因为沙沙同学把担子交给了他，接下来，他将替沙沙同学挑担子。

我们一路往西走，翻过一个高高的土坡后，眼前的景色完全变了个样。我们看到了好多树，还有连绵起伏的丘陵。

土坡下有一条大路，弯弯曲曲，伸向远方。我们在这条路上走着走着，看见路边有一个妇人。她坐在地上哭着，似乎遇到了什么伤心事。

"你们瞧，那位大姐为什么哭呀？"八戒指着前面说道。

"她是不是迷路了？"沙沙同学猜测。

"迷路也哭？又不是师父。"八戒摆了摆手。

"少贫嘴，待俺老孙前去打探一番。"悟空说着就要上前询问那个妇人。

此时，小唐同学挑着担子，快走几步跟了上来："悟空，且慢！小心有诈！这荒山野岭的，一个大姐在路边哭，我忽然有种似曾相识的感觉。"

八戒不屑地说："光天化日之下，即使她是妖怪，难道还能把咱们吃了？"

"就是，师父，不用害怕！"悟空说完就朝那个妇人走去，我们也快步跟上。

"大姐，你怎么啦？身体不舒服吗？"悟空问，"还是遇到困难了？"

"我……"大姐抬头看了我们一眼，只见她的眼睛红红的。

"你尽管说，我们不是坏人。"八戒说，"是谁欺负你了吗？"

"没有谁欺负我，我只是……唉！"大姐叹了一口气，又摇摇头，"今天我卖完鸡蛋以后，发现赚的钱少了一些，我不知道那些钱到哪儿去了。"

我们一听，觉得此事有点儿奇怪，便坐下来仔细听大姐讲述事情的经过。

原来，这位大姐姓黄，来自几千米外的一个村子。她家里有3个小孩儿，虽然她非常勤劳，但还是只能勉强解决温饱。她家的经济收入来源之一就是家里养的那十几只老母鸡。这些老母鸡下了很多蛋，每隔一段时间，她会挎着篮子，把鸡蛋拿到几千米远的集市上去卖。因为来回路途遥远，很辛苦，加上家里贫困，很需要钱，所以她希望自己家的鸡蛋可以卖一个好价钱。

今天天还没亮，黄大姐就和同村的李大姐一起去集市上卖鸡蛋。李大姐家的鸡品种好，下的蛋个头儿大，2个能卖1元钱。而黄大姐家的鸡品种不好，下的蛋个头儿小，虽然她也很想卖1元钱2个，但这样肯定没人会买，所以，她卖的鸡蛋是1元钱3个。就算这样，根据她以往的经验，鸡蛋也不一定好卖。

早上8点左右，两人走到集市上，找了个地方坐下来，开始卖鸡蛋。但是，生意还没开张，李大姐就突然想起家里还有一件非常重要的事情要做。于是，她站起身来准备赶快回家。临走时，她委托黄大姐帮她把鸡蛋卖掉，黄大姐很爽快地答应了。

李大姐走后，黄大姐心想：她家的鸡蛋卖1元钱2个，我家的鸡蛋卖1元钱3个，那么把两家的鸡蛋合在一起卖，就是2元钱5个。于是，黄大姐把鸡蛋混到了一起，按照2元钱5个的价格出售。没过多久，黄大姐就把所有的鸡蛋都卖光了。在卖完之后，黄大姐很细心地算了一下账，结果，她惊讶地发现，总收入比预想的少了7元钱。黄大姐非常困惑，不知道自己在什么地方出了错。怎么就少了7元钱呢？

回家的路上，黄大姐一直在琢磨这件事，一想到自己少了7元钱，心里就很难过，于是蹲在路边哭了起来。

"原来是这样。"悟空说。

八戒纳闷儿地挠着头："奇怪，那7元钱到底跑哪儿去了呢？"

"黄大姐，你有没有遇到小偷？"小唐同学问。

黄大姐还没说话，八戒就插话道："问得真多余，要是遇到了小偷，黄大姐还不知道？"

"你的话才多余，要是小偷那么轻易就被人发现，那还是小偷吗？"小唐同学翻了个白眼。

"几位小兄弟，我觉得应该不是小偷偷的，今天从头到尾，没有人靠得我特别近。"黄大姐说。

"少了7元，嗯……"沙沙同学仰着头，若有所思。

"我说你们都别想了，咱们还要赶路呢。"八戒说，"师父，你干脆拿7元钱送给黄大姐，这事不就完了？你们说怎么样？"

"好！""这样最好！"悟空和沙沙同学纷纷赞同。

"我说八戒，你怎么不拿出7元钱送给黄大姐？"小唐同学叉着腰，"凭啥是我？好话让你说，事情我来做。你这如意算盘打得可真好！"

"别别别！"黄大姐急忙摆手道，"几位小兄弟，虽然我家穷，但我不能要你们的钱，我只是非常纳闷儿，为什么会少了7元钱。如果找不到原因，那只有一种可能，就是我不小心把钱弄丢了。也许，钱就掉在路上，我再走回去找找，说不定还能找到呢。"

"可是这里距离集市那么远，为了这 7 元钱……值得吗？"八戒说。

"当然值得！"黄大姐回答，"7 元钱可以给我最小的孩子买一双布鞋。他的鞋子破了很久了，我一直没舍得给他买新的。"

大家一听，都感到一阵心酸。只是少了 7 元钱而已，这位母亲却难过成这样，她不是为自己难过，而是为少了 7 元钱，不能给孩子买一双新鞋而难过。

"黄大姐，你的意思是说，你一定要找到少了那 7 元钱的原因？"悟空说，"如果实在找不出原因，那就说明 7 元钱是掉在路上了，你要回去找。是这样吗？"

"是的。"黄大姐点点头。

"这怎么办呢？寒老师。"八戒说，"寒老师！寒老师！"

"怎么啦？"我看向八戒。

"你发什么愣呀？"八戒凑到我身边。

"我在想那 7 元钱是怎么消失的。"

"想出来了吗？"八戒又问。

"想出来了。"

"啊！"唐猴沙猪异口同声地喊道，"快说快说！"

"对对，小兄弟，你快告诉我到底是怎么回事啊。"

我说："原因其实很简单，你们也能想出来。我有一个提议，如果谁最后没有想出来，那就……"

"明天由他挑担子？"沙沙同学说。

"不，如果谁没有想出来，就得补偿这位大姐7元钱。怎么样？"我说。

猴沙猪想也没想，纷纷同意了，小唐同学迟疑了几秒钟后也同意了。于是，大家开始紧张地思考起来。

黄大姐一脸感激地朝我们笑了笑："我不要你们的钱，只要你们能找出原因就好。"

我说："黄大姐，你先别说话，他们正在紧张地思考呢。"

"哦，对对对。"黄大姐连连答应，然后不再说话。

十几分钟后，八戒和沙沙同学知道答案了。只剩下悟空和小唐同学，他俩你看看我，我看看你，似乎都很焦急。

又过了五六分钟，悟空大喊一声："我也知道了！"

小唐同学一听，摇了摇头，又叹了口气。

　　"师父，你知道为什么你没做出来吗？"八戒捂着嘴笑起来，"因为你是个财迷，你太害怕输了！"

　　"哼，你才是财迷呢！"小唐同学吼完八戒，又转头对我说，"寒老师，你快告诉我答案，然后我就把7元钱给这位大姐，愿赌服输。"

　　"不不不。"黄大姐连连摆手，"你们只要告诉我原因就可以了。"

「知识板块」

消失的 7 元钱

李大姐的大鸡蛋 2 个卖 1 元钱，黄大姐的小鸡蛋 3 个卖 1 元钱，如果混合起来卖，那就是 5 个卖 2 元钱。这看起来似乎没有错，但实际上是有问题的，为什么呢？

当大小鸡蛋分开来卖的时候，1 个大鸡蛋的价格是 $\frac{1}{2}$ 元，1 个小鸡蛋的价格是 $\frac{1}{3}$ 元。因此，一大一小 2 个鸡蛋加起来的总价格是：

$$\frac{1}{2} + \frac{1}{3} = \frac{3}{6} + \frac{2}{6} = \frac{5}{6}（元）$$

因为是一大一小 2 个鸡蛋，所以，每个鸡蛋的平均价格是：

$$\frac{5}{6} \div 2 = \frac{5}{12}（元）$$

而现在，黄大姐拿 5 个鸡蛋卖 2 元钱，也就是说，此时，每个鸡蛋的平均价格是：

$$2 \div 5 = \frac{2}{5}（元）$$

这两个分数比起来，哪个更大呢？把它们的分母变成一样的，我们就能更轻松地比较大小了。

$$\frac{5}{12} \times 1 = \frac{5}{12} \times \frac{5}{5} = \frac{25}{60}$$

$$\frac{2}{5} \times 1 = \frac{2}{5} \times \frac{12}{12} = \frac{24}{60}$$

显然，$\frac{5}{12}$ 要比 $\frac{2}{5}$ 大，这两个分数相减是：

$$\frac{25}{60} - \frac{24}{60} = \frac{1}{60}（元）$$

也就是说，黄大姐把两家的鸡蛋合起来卖，每卖出 1 个鸡蛋，就会亏掉 $\frac{1}{60}$ 元。全部卖完后，黄大姐会亏不少钱，而这个数目正是那 7 元钱。

因此，我们还可以计算出，黄大姐和李大姐这次总共带了多少个鸡蛋去集市上卖，即：

$$7 \div \frac{1}{60} = 420（个）$$

"对对对！"黄大姐一脸惊讶，"天哪，你们居然还算出这次我们总共带了 420 个鸡蛋，真是太厉害了！"

"哈哈，那是。"八戒摆手道，"黄大姐，你知道我们是干什么的吗？"

"干什么的？"黄大姐问。

"我们是学习数学的。嘿嘿嘿……"八戒得意地笑起来。

"难怪。"黄大姐说，"这下我终于知道原因了，说到底还是我数学不好，才会那样卖鸡蛋，确实是越卖越亏。唉，谢谢你们，这下我可以安心回家了。"

"别急。"小唐同学一边说，一边把手使劲伸进怀里，就像挠痒痒一样，好半天才掏出 7 元钱，并递了过去，"黄大姐，给你！"

"不不不！"黄大姐说，"这钱我可不能要。"

"别客气！"八戒说着，一把拿过小唐同学的7元钱，塞到了黄大姐的手里。

"哎哎哎，你干吗？"小唐同学两手空空，定在原地，"这钱无论如何我都要给黄大姐，用不着你插手。"

八戒摇摇头："谁知道你会不会反悔。"

黄大姐还是使劲推辞，说什么也不肯要。最终，她拗不过我们，便连连道谢，收下了钱。

黄大姐为了7元钱，再远的路也愿意回去找，要不是家里实在困难，谁又会这样做呢？想到这儿，我又拿出10元钱塞给了黄大姐。悟空、八戒和沙沙同学一看，都毫不犹豫，每个人拿出10元钱塞给了黄大姐。小唐同学一看，脸上挂不住了。他也马上又掏出3元钱，递到黄大姐手上。

这次黄大姐推辞得更厉害了，但是，在我们的一再劝说下，最终她还是收下了钱。

"你们……"黄大姐看着我们，眼睛湿润了，"你们这些学习数学的人真好！"

"大姐，别这么说，这都是小事。"悟空说。

"我真希望我的3个孩子也能像你们一样，以后把数学学好！"黄大姐感慨地说。

"一定会的。"八戒说，"黄大姐，我们要赶路了。回去的路上你一定要小心，可别把钱弄丢了！"

"嗯嗯，放心吧，我会一直把钱攥在手里。"黄大姐朝我们挥挥手，"再见了，几位小兄弟！"

与黄大姐告别后，我们又上路了。夕阳西下，又红又大的太阳看上去一点儿也不刺眼。我们一路上有说有笑，都很高兴。走着走着，天渐渐黑了下来，我们隐约看到了远处小镇上的灯光。

"哎呀，好渴呀。"八戒咂咂嘴巴，"真希望能快点儿赶到小镇！我现在渴得可以喝下一桶水。"

听八戒这么一说，小唐同学舔舔嘴唇，也觉得口渴了。

"还早着呢。"悟空说，"别以为看到灯光就代表距离很近了，咱们真要走到小镇上，至少还得40分钟。"

八戒和小唐同学一听，顿时觉得更渴了。

沙沙同学安慰道："二师兄，师父，别着急。说不定，咱们在路上能遇到一条小河，到时候就有水喝了。"

"唉……"八戒摇摇头，叹了一口气。

接下来，大家都急着赶路，没有再说话……

突然，八戒大喊一声："你们看，有灯光，那里有户人家！"

我们顺着他指的方向看去，果然，前面有一户人家。那户人家的院子很大，围墙很高，正面有一道大铁门，从里面射出来灯光。

"快走几步！"八戒回过头对我们吆喝道，"咱们去他家讨点儿水喝。"

走到大铁门前，八戒急匆匆地敲了几下门。过了一会儿，一位大姐拉开了铁门。可她一看八戒那副模样，立刻又把门关上了。

"大姐，大姐，我们是过路的，想讨点儿水喝。"八戒隔着铁门恳求道。

"嗯……"大姐为难地说，"我丈夫今天不在家，不方便让你们进来。"

"大姐，我们不是坏人。"八戒说。

"这个嘛……"大姐想了想，但还是摇摇头，"不好意思，我真的不能开门，你们到别处找水喝吧。"

"大姐，要不这样吧。"悟空走上前，"你不开门也可以，只要把水递给我们就行……"话刚说到一半，悟空就说不下去了。既然大姐连门都不开，那又怎么递水出来呢。

小唐同学走过去，推开八戒和悟空，在大铁门前站

好。那位大姐
把铁门拉开了
一点点，小心
地看了看，心
想：总算看到
一个正常人，不像刚才那两位，一个耳朵和鼻子超大，
一个脸上有好多毛。

"大姐，我们真的不是坏人。"小唐同学说，"实际上，
我们这一路走来，只是为了学习数学而已。要不是我们
非常口渴，绝不会来打扰你的。"

"这个嘛……"刚才看到八戒和悟空时，大姐无论
如何也不会开门，但是见
到小唐同学后，她有些犹
豫了，"唉……你们真的
是学习数学的？"

"是的是的。"八戒
又说，"刚才在路上，我
们还帮一位大姐算对了账，
而且，我们看她贫苦，每
人还给了她10元钱呢。"

"谁知道你们说的是真是假啊？"大姐说，"你们怎么证明自己是学数学的？"

"数学书算不算？"沙沙同学一拍脑门，快步走到箱子旁，打开箱子，一下子掏出四五本数学书，冲到大铁门前，"大姐，你看你看，我们的箱子里有这么多数学书。"

大姐从门缝看了看。我们心想，这次大姐应该相信我们了，可是没想到，大姐看完后，又摇了摇头："仅凭这些，我还是不能相信你们。"

"唉！"沙沙同学失望地叹了口气，把数学书放回箱子里。

"算了，走吧走吧。"八戒转过头对大家说，"说不定前面就有小河呢。"

正当我们准备离开时，大姐突然说："要想证明你们是学习数学的，其实也不难。如果你们愿意，我倒是可以出一道数学题考考你们。要是你们做得出来，那就说明你们是真的懂数学。"

"好啊。"小唐同学一听，立即把刚挑起来的担子又放回了地上，"大姐，你出你出，尽管出。"

沙沙同学赶紧把箱子搬过来，放在大铁门前，我们

坐在箱子上，专心听大姐出题。

"题目是这样的：几年前，一位人口普查员来到我家，登记我家的人口情况。我告诉他，我家有3个女儿，他便问我3个女儿的年龄。当时，我知道那个人口普查员是个刚刚毕业的大学生，就故意想考考他。

"我说，如果你将她们的年龄相乘，乘积是72；如果你将她们的年龄相加，结果碰巧是我家的门牌号码。门牌号码是多少，你可以自己去门边看。

"人口普查员看完门牌号码后，却说，要推算出你3个女儿的年龄，这些信息还不够。于是我又说，我的其中一个女儿年龄最大，她养了一只猫。

"人口普查员一听，立即笑道：'哈哈，现在我知道她们的年龄了。'

"这就是我要给你们出的数学题。现在请问：人口普查员来我家的那年，我的3个女儿分别是几岁？"

八戒一听，立即起身，在大门口左看看右看看，说："大姐，外面太黑，我们看不见你家的门牌号码。"

"别说天黑你看不到，就是看到了，那也不是我家几年前的门牌号码了，号码早就换过了。"

"哦，这样啊。"八戒说，"那么大姐，你先把几年前的门牌号码说一下，然后我们再做题。"

"其实没必要。"大姐笑了笑，"如果你们真是学习数学的，那么即使不知道门牌号码，也能推算出我3个女儿那时的年龄。如果你们真能做出来，我就让你们进来喝水。"

"可是……"小唐同学呃呃嘴巴，"如果不知道门牌号码，这道题是没法做出来的。"

"看来大姐还是不准备给我们开门，只是耍耍我们而已。"悟空一边说，一边起身，"咱们走吧。"

"看来，你们果然不是学习数学的人。"大姐说，"若真是喜欢数学，你们应该第一时间思考题目，而不是埋怨缺少条件。"

"都坐下，都坐下。"我一把将悟空拉住，"大姐说的非常有道理，这道题确实不需要知道门牌号码。"

"你做出来了？"八戒一脸惊讶，"寒老师，你快说说！我们都快渴死了！"

"你们先想10分钟，想不出来我再告诉你们。"

"别呀，寒老师。"八戒愁眉苦脸地说，"我的嗓子都快冒烟了，别说10分钟，就是1秒钟，我也不想再等了。"

"就是。"小唐同学哀求道，"你就赶紧说吧，求你了，寒老师。"

看到唐猴沙猪都渴得不行了，我也就没再让他们思考，立即向那位大姐说出了答案。

「知识板块」

抓信息，算年龄

这道题看似信息不够，其实，题目中含有隐藏的信息，只要能把这个隐藏的信息找出来，解题就变得简单了。

3个女儿的年龄相乘是72，而她们的年龄相加是门牌号码。那么，哪3个数相乘等于72呢？我们不妨把它们一个一个列出来：

3个女儿可能的年龄组合	可能的门牌号码
$72 = 1 \times 1 \times 72$	$1 + 1 + 72 = 74$
$72 = 1 \times 2 \times 36$	$1 + 2 + 36 = 39$
$72 = 1 \times 3 \times 24$	$1 + 3 + 24 = 28$
$72 = 1 \times 4 \times 18$	$1 + 4 + 18 = 23$
$72 = 2 \times 2 \times 18$	$2 + 2 + 18 = 22$
$72 = 1 \times 6 \times 12$	$1 + 6 + 12 = 19$
$72 = 1 \times 8 \times 9$	$1 + 8 + 9 = 18$
$72 = 2 \times 3 \times 12$	$2 + 3 + 12 = 17$
$72 = 2 \times 4 \times 9$	$2 + 4 + 9 = 15$
$72 = 2 \times 6 \times 6$	$2 + 6 + 6 = 14$
$72 = 3 \times 3 \times 8$	$3 + 3 + 8 = 14$
$72 = 3 \times 4 \times 6$	$3 + 4 + 6 = 13$

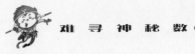

瞧，总共有12组数字相乘等于72，3个女儿的年龄就是这其中的一组数字。到底是哪一组呢？

我们可以通过门牌号码来推断。比如，要是我们知道门牌号码是18，那么3个女儿的年龄必然就是1岁、8岁、9岁，因为$1 \times 8 \times 9 = 72$，而$1 + 8 + 9 = 18$。但是，我们现在根本就不知道门牌号码。怎么办呢？别急，题目中如果实在找不到明显的信息，那我们就得找隐藏的信息。

虽然我们不知道门牌号码，但是题目中的人口普查员是知道的。然而，人口普查员都已经知道了门牌号码，却还是说条件不够，这又是为什么呢？答案只能从可能的门牌号码入手。当我们仔细看一遍可能的门牌号码时就会发现，有一个门牌号码很特殊，那就是"14"。

$72 = 2 \times 6 \times 6$	$2 + 6 + 6 = 14$
$72 = 3 \times 3 \times 8$	$3 + 3 + 8 = 14$

瞧，表格中的这两组年龄，它们相乘都是72，相加都是14。也就是说，人口普

查员知道门牌号码是14，但还是难以确定大姐3个女儿的年龄，所以才说条件不够。

如果这组数字是"72 = 2 × 6 × 6"，那就说明这位大姐有一对双胞胎女儿，都是6岁，而最小的女儿是2岁；如果这组数字是"72 = 3 × 3 × 8"，那就说明这位大姐的大女儿是8岁，两个小女儿是双胞胎，都是3岁。

这位大姐说"我的其中一个女儿年龄最大"，这说明年龄较大的女儿不是双胞胎，可以排除"72 = 2 × 6 × 6"这组数字。

只有"72 = 3 × 3 × 8"这组数字满足条件，因此，大姐3个女儿的年龄分别是8岁、3岁、3岁。

难以吃到的寿宴

43

当我把答案说出来后，那位大姐总算相信了我们，打开了铁门。在她家里，我们5个人猛灌了好多好多水。八戒喝水时那副着急的模样，让大姐笑了好一阵。现在，她确信我们只是口渴了，想讨点儿水喝，并不是什么坏人。

喝完水后，我们正要离开，大姐又给我们带了几瓶水，让我们在路上喝。

晚上9点，我们终于走到了小镇。一打听，我们得知这里叫富华镇。就像它的名字一样，富华镇是一个美丽繁华的地方，风景秀丽，人们生活富裕。即使现在已经是晚上9点，小镇的大街上依然灯火辉煌，人来人往。

我们本来想好好逛逛街，但因为走了一天的路，每个人都很疲倦，于是就直接找到一家旅馆休息了。

到了第二天上午 10 点左右，我们才陆续起床。昨天晚上睡得很香，大家现在个个神清气爽。我们把箱子放在旅馆，带上一些钱，准备到外面逛逛街，再吃点儿好吃的。

街上的小吃可真多，看得我们眼花缭乱，都不知道该买什么了。正在此时，我们突然听见从另一条街上传来一阵鞭炮声，又看见一些人向那条街跑去。我们很好奇，也跟了过去。

来到刚才放鞭炮的地方，我们看见街边有一幢气派的房屋，屋前有一扇高大的铜门，门两侧还立着两个石狮子。

铜门前围着不少人，八戒走过去，询问一个面善的大婶："这是谁家呀？"

"你不知道？"大婶转过身，

上下打量了一下八戒，"看你这身打扮，是外地人吧？"

"是的，我们是外地人。"沙沙同学走上前说。

大婶一五一十地告诉了我们。原来，放鞭炮的这家姓罗。在富华镇上，罗家是有名的大户人家，不仅是全镇最富裕的，还是镇上最有文化的一家，可谓书香门第。而且，罗家人也非常善良，经常帮助小镇上的穷人。今天是罗老爷子过七十大寿，按理说，镇上很多人都应该提着礼物到罗家祝寿，但是罗老爷子却说，这次过寿一概不收礼，只要能答对他孙子出的题目，就可以免费到他家吃寿宴。

之所以这样，是因为罗家的这位孙子非常孝顺，在爷爷过寿的前一天，就早早准备好了礼物，而这份礼物中居然还隐含着一道数学题。罗老爷子觉得很有意思，便决定用这道题目考考大家。镇上的很多人都尝试去解题，但大都没做出来，只有少部分人得出了答案。

"还有这等好事？"八戒听完大妈的讲述后大声惊呼，"看来我们今天有免费大餐吃了！"

围观的人被八戒的叫声吸引了过来，齐刷刷地上下打量我们，然后无不露出不屑的表情。

"就你们几个？估计你们做不出那道题。"

"一看就是外地人，不知天高地厚。"

"我看你们一点儿也不像懂数学的。"

围观的人七嘴八舌地议论着……

听到这些议论，悟空忍不住指责八戒："就你心急，当着大家夸下海口！要是待会儿进去以后，咱们解答不出来，那岂不是很丢人？"

"猴哥，咱们至少敢进去尝试一下，不像那些人，就会站在门口说风凉话。"八戒虽是对悟空说话，却瞟了一眼在附近围观的人。

"嗨，小伙子。"人群中的一个大伯走上前来，"我们都进去尝试过了，那道题真的很难，我劝你们还是别白费力气了。"

"哼，竟然小看我们。"八戒说完，拉起我们就往里走，"不蒸馒头争口气，咱们一定得把那道题解出来。"

走进铜门内，我们看到了一座好大的庭院，有高低错落的假山，有漂亮的小鱼塘，还有各种树木和青翠的竹子。

"请问，你们是来给罗老爷子过寿的吗？"正当我们东张西望时，一个人走了过来。

"哦，是的。"八戒说。

"这次过寿，罗老爷子什么礼物都不收。"那人说，"但是……"

"但是要做对他孙子出的题，是这样吧？"八戒等不及了，直接打断了他，"快带我们去听题吧。"

"好的，请随我来。"那人带着我们绕过宽敞的院子，来到一间别致的屋子，屋里有个十一二岁的少年正在看书。

"你就是罗老爷子的孙子？"八戒问。

"叫我罗玄就行，你们是来挑战的吧？"那个少年放下书。

"那当然，你赶紧出题。"八戒说，"我们的肚子都饿坏了。"

"哈哈，我爷爷说了，只要能把题做出来，待会儿你们想吃多少都可以。"罗玄说，"我爷爷过七十大寿，昨天我到外面摘了很多野花。我把这些花分成了好几份，将总数的 $\frac{1}{3}$ 送给了我爷爷，祝他福如东海；然后将总数

的 $\frac{1}{4}$ 送给了我奶奶，祝她寿比南山；接着，我又将总数

的 $\frac{1}{5}$ 送给了我爸爸，祝他事业顺利；最后，我将总数的

$\frac{1}{6}$ 送给了我妈妈，祝她身体健康。送完后，我手里还剩

下6朵花。我把这6朵花留给了自己，祝自己越来越聪明。

那么，请问我一共采了多少朵花？"

"就是这道题？"我问。

"是的，就是这样。你们可别小看这道题哦。"罗玄说，

"昨天我当着家人，把花怎么分配说完了以后，我爷爷

突然问大家，你们知道罗玄总共摘了多少朵花吗？结果

一下子就把大家难住了，半小时后，我爸爸才推算出来，

而且还是用笔算出来的。于是，我爷爷就突发奇想，决

定用这道题考考大家。"

"到底一共是多少朵花呢？"八戒看着天花板，苦

思冥想。

"谁要是算出答案，就小声跟我说，如果答案正确

就可以到后院去吃饭了。"罗玄说，"解题时间只有半

小时，如果到时候做不出来，那就只能放弃了。"

不一会儿，我就做出来了。我走到罗玄身边，小声

地在他耳边说出了我的答案。罗玄微笑着点点头，我便

回头对唐猴沙猪说道："不好意思，我先去后院用餐了，你们在此慢慢算，哈哈……"

后院很大，里面摆了好多桌宴席，人们边吃边谈笑。我找了个位子坐下，也吃了起来。吃完饭后，我走到主桌旁边，向罗老爷子表示谢意，并祝福他寿比南山，这才走了出来。

"你们居然还在做题？"我路过罗玄的屋子，看到唐猴沙猪仍在里面思考，"你们不知道那饭菜有多好吃。"

八戒瞪了我一眼，转过头不说话，唐猴沙也是满脸郁闷。他们本想趁此机会大吃一顿，却没想到一直没把题目做出来。

"走吧，来不及了。"我说，"半小时快到了。"

唐猴沙猪失望地摇摇头，只好跟着我走了出来。一出大门，他们就朝一个面馆跑去。

"跑那么急干什么？"我问。

"你倒是吃得饱饱的了，我们还没吃呢。"八戒生气地说。

到了面馆，唐猴沙猪各要了一大碗面。

"我觉得……"八戒摇摇头，"我差一点儿就能做出来了。"

"什么叫差一点儿，没做出来就是没做出来。"小唐同学不屑地说。

八戒说："主要是这道题中有好多分数，而我恰恰对分数的题目不是很擅长。否则的话，真的，我肯定能吃上那顿大餐。"

50

"只是分数吗？依我看，你对小数、整数，还有之前帮了我们大忙的奇数和偶数的认识也不够吧？"小唐同学不依不饶。

"还有质数。"悟空抬起头插了一句，"有一次寒老师说，如果要说神奇的话，奇数和偶数远远赶不上质数。"

"就好像你们都很了解似的。"八戒反驳道，"猴哥，你知道什么是质数吗？师父，你知道吗？"

"这……我……"小唐同学支支吾吾地说不出来。

悟空也是半天说不上来，只好转头看向我。

"先别看我，一会儿你们吃完饭，咱们去100多年前旁听一个报告会吧。在那个报告会上，站在台上的数学家虽然从头到尾都没有说一个字，但最终得到了所有观众的掌声。"

"这事跟质数有什么关系？"沙沙同学问。

"当然有关系。"

"嗯，听上去似乎很有趣。"悟空说完就催促八戒，"你赶紧吃！"

"好，我这就吃完了！"八戒埋头边吃边说。

「知识板块」

算出花的总数

这道题其实不难，只要我们知道一些关于分数的概念，解答这道题就容易多了。

假如你有一个苹果，吃掉了 $\frac{1}{3}$，还剩下几分之几呢？这个问题改写一下就是：把一个苹果平均分成 3 份，吃掉了其中的 1 份，还剩下多少？答案当然是 2 份。这里

的其中1份可以用分数 $\frac{1}{3}$ 来表示，而剩下

的2份用分数来表示就是 $\frac{2}{3}$。所以，1个

苹果吃掉 $\frac{1}{3}$ 后，还剩下多少，可以这样来

计算：

$$1-\frac{1}{3}=\frac{3}{3}-\frac{1}{3}=\frac{3-1}{3}=\frac{2}{3}$$

在上文的故事中，罗玄摘了很多野花，

把其中的 $\frac{1}{3}$ 送给了爷爷，其中的 $\frac{1}{4}$ 送给了

奶奶，其中的 $\frac{1}{5}$ 送给了爸爸，其中的 $\frac{1}{6}$ 送

给了妈妈，那么，还剩下几分之几呢？这

其实不难算，跟上面吃苹果的例子一样，

用1去减就行了：

$$1-\frac{1}{3}-\frac{1}{4}-\frac{1}{5}-\frac{1}{6}=?$$

对于分数的加减法，一部分同学可能

还没有学过，但是没有关系，你只要知道，

当分数的分子和分母相同时，它表示的意

思是"1"就可以了，例如：

$$\frac{3}{3}=\frac{27}{27}=\frac{60}{60}=1$$

在之前的减法算式中，我们只要把各

个分数中的分母变成一样的就很好计算了。

比如，我们可以把分母统统变成60，如下：

$$1 - \frac{1}{3} - \frac{1}{4} - \frac{1}{5} - \frac{1}{6}$$

$$= \frac{60}{60} - \frac{20}{60} - \frac{15}{60} - \frac{12}{60} - \frac{10}{60}$$

$$= \frac{60-20-15-12-10}{60}$$

$$= \frac{3}{60}$$

$$= \frac{1}{20}$$

现在我们知道，当罗玄把大部分花送出去后，自己还剩下所有花的 $\frac{1}{20}$ ，但罗玄没有说自己剩下 $\frac{1}{20}$ ，而是说自己最后还剩下6朵花。也就是说，把所有花平均分成20份后，其中的1份等于6朵，那么所有花的数量就是：

$$20 \times 6 = 120（朵）$$

神奇的质数

质数又叫素数，它最显著的特点是，除了1和它本身以外，不能再被其他除数整除。例如：

$$3 \div 1 = 3$$
$$3 \div 3 = 1$$
$$3 \div 2 = 1.5$$

瞧，3只能被1和它自身整除，除此之外，3再也不能被其他数整除。比如用2做除数的话，结果就是1.5，它不是整数，而是小数。因此，3是一个质数。

同样，2也只能被1和它自身整除，所以，2也是质数。除了2和3外，还有5，7，11，13，17，19，…都是质数。

而像4，6，8，9，10，12，…这样的数，除了1和它们自身以外，还能被其他数整除，例如：

$$4 \div 2 = 2$$
$$6 \div 3 = 2$$
$$8 \div 2 = 4$$
$$9 \div 3 = 3$$
$$10 \div 2 = 5$$

以此类推。

因此，4，6，8，9，10，12，…这样的数就不是质数，它们有一个名字，叫合数。

合数又叫合成数，为什么这么叫呢？因为任何一个合数都可以用几个质数相乘

来表示。大家可以这样理解，合数就是可
以用其他质数来合成的数，例如：

$$4 = 2 \times 2$$
$$8 = 2 \times 2 \times 2$$
$$9 = 3 \times 3$$
$$10 = 2 \times 5$$

以此类推。

正因如此，要判断一个数到底是不是
质数，我们就可以利用上面的办法来判断。
假如一个数可以写成几个质数相乘的形式，
那这个数就是合数；假如一个数无论如何
也不能分解成几个质数相乘，那么这个数
就是质数。例如，$33 = 11 \times 3$，33 是合数；
而 31 并不能分解成其他质数相乘的形式，
31 就是质数。

旁听数学报告会

吃完饭后，我们回到旅馆。在房间里，悟空使出法术，带我们穿越到了 1903 年 10 月 31 日的美国。这天，美国数学学会正在召开大会，会场里坐着好几百人。

此刻，一位数学家走上台，准备做报告。大会的主持人介绍，他是美国数学家科尔。

会场很安静，角落里有好几个空位子，我们就偷偷地坐在了那里。当科尔在讲台上站定，大家以为他马上就要开始发言时，他却转身走向后面的一块黑板，拿起粉笔，写了这样一个神秘的数：

$$2^{67} - 1$$

"好奇怪的一个数呀。"八戒小声嘀咕着，"嘿嘿，不过我知道，它肯定是质数。"

"不要那么早就下结论。"我对唐猴沙猪说，"要判断这样的数是不是质数，比我们想象的要困难一万倍。"

"2^{67}是表示67个2相乘吗？"悟空猜测道，"那这个数也太大了。"

"没错，它就是表示67个2相乘。"我回答，"类似'$2^{67} - 1$'这样的数其实叫作梅森数，它可以表示为$2^{p} - 1$。当p为质数时，你们会发现一个神奇的现象。"

"什么现象？"八戒好奇地问。

"你们自己算算嘛，当p等于2，3，5，7，…这些质数时，$2^{p} - 1$等于多少，又分别是什么数？"

"嗯……当$p = 2$时，就是$2^{2} - 1 = 2 \times 2 - 1 = 3$。"沙沙同学开始口算起来，"当$p = 3$时，就是$2^{3} - 1 = 2 \times 2 \times 2 - 1 = 7$。"

悟空也开始算起来："当$p = 5$时，就是$2^{5} - 1 = 2 \times 2 \times 2 \times 2 \times 2 - 1 = 31$。"

我接着他们说的继续往下算："当$p = 7$时，就是$2^{7} - 1 = 2 \times 2 \times 2 \times 2 \times 2 \times 2 \times 2 - 1 = 127$，而127是一个质数。现在，你们发现规律了没？"

"哈，我知道了。"八戒兴奋地说，"$2^p - 1$，当p为质数时，结果也会是质数。判断一个数到底是不是质数原来这么简单，寒老师居然说，比我们想象的要困难一万倍，这真是太夸张了。嘿嘿！"

除了我们几个在小声嘀咕以外，会场里没有其他人在说话，他们全都聚精会神地看着科尔在黑板上不停地计算。十几分钟过去后，科尔终于计算出来了，他在黑板上写了这么一个大数字：

$$2^{67} - 1 = 147\ 573\ 952\ 589\ 676\ 412\ 927$$

这是一个非常大的数字，既然67是一个质数，那么梅森数$2^{67} - 1$，也就是147 573 952 589 676 412 927到底是不是质数呢？

根据我们刚才所说的对质数的判断方法，如果这个大数字147 573 952 589 676 412 927可以写成多个质数相乘的形式，那它就不是质数，而是一个合数。

此刻，会场里所有人的心都悬了起来，他们在等待科尔的计算结果。如果$2^{67} - 1$是质数，那么科尔相当于发现了当时最大的一个质数；如果它不是质数，而是合数，就说明梅森数$2^p - 1$，当p为质数67时，结果并不像我们之前推断的那样一定是质数，这也将是数学界的一个重大发现。

科尔背对着大家,在黑板上演算,从头到尾都没有说一句话。不一会儿,他转过身来,当我们以为他要开始说话时,他却笑了笑,然后走下了台。此时,我们看见黑板上写着这样一个式子:

$$2^{67} - 1 = 147\ 573\ 952\ 589\ 676\ 412\ 927$$
$$= 193\ 707\ 721 \times 761\ 838\ 257\ 287$$

顿时,整个会场里的人都兴奋地起立鼓掌,用赞许的目光看着走下台的科尔。雷鸣般的掌声在会场里久久不绝……

"这……"八戒傻眼了,"$2^{67} - 1$竟然不是质数!"

"是的,它是一个合数。"我笑着对八戒说,"怎么样,八戒,判断一个数到底是不是质数,没你想的那么容易吧?"

"科尔，科尔。"一个记者迅速冲到科尔面前，"请问，你用了多长时间发现 $2^{67}-1$ 不是质数的？"

"3 年里的所有星期天，我都在研究这个数。"科尔答道。

"天哪！"旁边的一个人佩服道，"你太有毅力了！"

"没错，一般人肯定坚持不下来。"另一个人竖起大拇指，"科尔，你真棒！"

我们距离科尔也就五六米远，本来我们想更靠近一点儿，可是人太多了，我们挤不过去，只能远远地听着科尔和别人的对话。

「知识板块」

梅 森 数

梅森数是用 17 世纪法国著名数学家马林·梅森的名字来命名的。梅森一直致力于研究质数，尤其是对 "$2^p - 1$" 这种形式的数做了深入研究。1644 年，他在《物理数学随感》上发表文章，提出当 p 等于 2，3，5，7，13，17，19，31，67，127，257 这些质数时，$2^p - 1$ 也是质数。

前面的几个数，即 2，3，5，7，13，17，19，是被梅森等人共同验证过的，而后面的 4 个数，即 31，67，127，257，只是梅森的猜测。由于当时人们的计算水平有限，没有人验证过这 4 个数字是否也符合规律，但是，人们对梅森的猜测深信不疑。

通过上文的故事，我们可以发现，梅森数不一定就是质数。后来，数学上规定，如果一个梅森数是质数，那么这样的质数就叫 "梅森素数"。迄今为止，人们发现的最大的一个梅森素数是 $2^{82\,589\,933} - 1$，它是由超过 2486 万位数字组成的。

难寻神秘数

我们在会场里多留了一会儿，好多人还在围着科尔问这问那……

"真不敢相信，要判断一个大数是不是质数竟然有这么难。"八戒摇头感叹，"科尔在3年里的每个星期天居然都在研究那一个数，真是厉害！"

"他花的时间还不算最多的。"我说，"梅森素数确实很难被发现，数字越大，计算起来就会越困难。所以，1999年3月，有一家美国电子新领域基金会向全世界宣布：第一个找到超过100万位质数的个人或机构，将获得5万美元奖金；第一个找到超过1000万位质数的个人

或机构，将获得10万美元奖金；如果找到超过1亿位质数，奖金是15万美元；超过10亿位，奖金是25万美元。"

"天哪！"八戒一脸惊讶，"奖金这么多？那要是数学学得好，岂不是也能发大财？"

"你只看到了丰厚的奖金，却不想想计算难度有多大。"我说，"要找到如此大的质数，得依靠计算机，而且是非常先进的计算机才行。"

沙沙同学问："寒老师，美国电子新领域基金会设立的这个奖项，是不是就是说，如果找到的梅森素数是由100多万个数字组成的，那么发现者将获得奖金？"

"对，就是这个意思。"

"那……"八戒急忙问，"那5万美元有人领了吗？"

"当然。1999年6月，第38个梅森素数被一个叫哈吉拉特瓦拉的美国人发

现了，这个数是 $2^{6\,972\,593} - 1$，如果把它全写下来的话，将会有 2 098 960 位数字，超过了 100 万位。因此，哈吉拉特瓦拉先生获得了 5 万美元奖金。"

"他是怎么算出来的呀？"小唐同学急忙问。

"他从互联网上下载了一个程序，将那个程序在计算机上运行。经过几个月的计算，他才发现了这个素数。"

"用计算机也得花费那么久？"八戒摇摇头，"看来我们是没希望了。别说计算机，我们连计算器也没有。"

"但是我们以后会有的。"悟空拍拍八戒的肩膀，又看向我，"那么，那 10 万美元奖金现在有人领了吗？"

"我劝你们还是别想了，好多年前就被人领了。这个人是美国加州大学数学系计算中心的史密斯，他通过 75 台计算机发现了梅森素数 $2^{43\,112\,609} - 1$。这个梅森素数有 12 978 189 位数，超过了 1000 万位，因此，他获得了 10 万美元奖金。虽然史密斯是偷偷利用美国加州大学计算机中心的 75 台计算机计算的，但是由于为学校争了光，他没有受到指责，反而得到了学校的表彰。"

"他好幸运哦。"小唐同学一脸羡慕，"有那么多计算机可以使用。"

"你只看到了幸运的人。"我说，"还有不幸的人呢。"

"谁呀？"八戒问。

"在美国的一家电话公司，有人发现公司计算机的速度经常变慢，本来只需要 5 秒钟就可以接通的电话，有时需要 5 分钟才能接通。最后，这家电话公司终于查出了原因，原来是他们公司一个叫福雷斯特的员工，偷偷地使用公司的 2585 台计算机寻找梅森素数。被查出来后，福雷斯特承认自己正是受到了奖金的诱惑，才会做出利用公司计算机寻找梅森素数的事。最终，那家电话公司解雇了福雷斯特，并向他罚款 1 万美元。"

"真可惜。"沙沙同学说。

"是呀。福雷斯特没有把工作与私事分开，才会落得这样的下场。"我说，"虽然史密斯也使用了学校的 75 台计算机，但是他很幸运，成功找到了梅森素数，为学校争了光，才没有被指责。"

悟空不甘心，又问："寒老师，我还想问问，那15万美元的大奖有人领了没？"

"还没有。"我说，"要找到超过1亿位数字组成的梅森素数，对于计算机来说，也是非常困难的。"

"太好了。"八戒蹦了起来，"不管怎样，我们总算有目标了。说不定，很多很多年以后，我们的数学变得特别厉害，就能通过计算机找出超过1亿位数字组成的梅森素数了。"

"实际上，发现超大梅森素数并获奖的人，他们之所以努力寻找那些数字，一开始并不是抱着赚钱的目的，而是因为有兴趣。"我说。

"我也不是为了赚钱呀……"八戒不高兴了，"我是说，我们至少有目标了。寒老师，你真没劲，你那么说搞得我好像很财迷似的。"

大家一听，都哈哈大笑起来。

「知识板块」

质数有什么用

人类对于质数的研究已经持续了 2000 多年，而对梅森素数的寻找也进行了好几百年。到目前为止，人们总共发现了 51 个梅森素数。有人会问：人们花那么多时间去研究和寻找新的大质数，到底有什么用呢？

在很长一段时间内，人们寻找超大质数一直都没有太大的实际用处。但是第二次世界大战后，人们发现，原来质数可以应用在密码学里。这是怎么回事呢？

我们知道，将两个大质数相乘是比较容易的事，例如：

193 707 721 × 761 838 257 287 ＝？

这个算式并不难，任何一个学过乘法的人都会计算，只不过，如果用笔算的话，会耗费不少时间，而用计算器或计算机来算的话，只要把两个乘数输进去，不到一秒钟就能得到结果：

$$193\ 707\ 721 \times 761\ 838\ 257\ 287$$
$$=147\ 573\ 952\ 589\ 676\ 412\ 927$$
$$=2^{67}-1$$

然而，要想把 $2^{67}-1$ 这个大数分解成两个质数相乘的形式，就变得很难了。像科尔这样的数学家都花费了 3 年里全部的星期天才算出来，一般人要想算出来，可想而知，真是难上加难。

后来，人们把大数难以分解这一点应用到了密码学里，使银行的保密系统更加完善。比如，某家银行的密码与两个未知的大质数有关，而这两个大质数的乘积是可以被获知的。某个人如果想要破解这家银行的密码，就得先把自己得知的大数分解成两个质数相乘的形式。而分解这样的大数，一个普通人即使耗费一生也不一定能做得到，即使利用目前最先进的计算机也将耗时很久很久。

数学家对于梅森素数的研究，能够促进计算机技术、程序设计技术、密码学等领域的发展。因此，很多人都说，梅森素数的价值是无穷的。

小唐同学当裁判

　　我们穿越回旅馆，吃了一顿晚餐。饱餐过后，大家商量着明天该离开富华镇，继续上路了。

　　"既然这样。"沙沙同学说，"咱们得赶紧做一道题了，要不由谁挑担子呢？免得明天还得猜拳，到时候我可能又要输了。"

　　"我建议咱们再做一道关于分数的题。"八戒靠在床头，对大家说，"关于分数的知识，我还想再多学习一些。"

　　"那好吧。"我说，"咱们就做一道关于分数的题目吧。八戒，拿出纸和笔来！"

八戒跳下床，从箱子里拿出纸和笔，我在纸上写下了一个式子：

$$\frac{1}{7} > \frac{(\ )}{(\ )} > \frac{1}{8}$$

"题目要求：在括号内填入适当的数字，使这个式子成立。这道题不难，而且有多种解法。这次，除了要看谁最后没有做出来，咱们还要看谁做得最巧妙。预备……开始！"

我的话音刚落，唐猴沙猪就纷纷满怀信心地计算起来。他们似乎觉得这道题还挺简单的。

没过多久，八戒第一个做了出来。

"找出一个小于$\frac{1}{7}$又大于$\frac{1}{8}$的数真是太容易了。"八戒兴奋地说。

一听八戒这么说，沙沙同学和小唐同学着急坏了，脸一下子憋得通红。

又过了一会儿，悟空也想出了答案。他和八戒依次把答案悄悄告诉了我，果然都是对的。

　　"你俩慢慢想吧。"悟空在床上躺了下来，看着还在苦思冥想的小唐同学和沙沙同学，"反正我明天不用挑担子了。"

　　"嗨嗨，我说你俩。"我指着八戒和悟空说，"这道题不单是要做出来，还要看谁做得最巧，最简练。"

　　八戒说："对于我来说，先做出来，明天不用挑担子才是最重要的。"

　　"哈哈，对！我也是这么想的。"悟空说。

　　"好吧。"我拍了拍沙沙同学和小唐同学的肩膀，"你俩别灰心，可以慢慢想。如果谁的做法最巧，那么他就可以获得下次免试的机会。"

　　"真的？"悟空瞬间从床上坐起来，"那我得继续想想。"

　　八戒一听，眼珠一转，也思考起来。

一时间，房间里安静极了，只听得到外面的风声，还有风吹动窗边树叶的沙沙声。

大约10分钟后，沙沙同学挠了挠头，不太自信地说："寒老师，我做出来了，但我不知道这种解法是不是最巧的。"

"啊？你做出来了？"小唐同学听到沙沙同学的话，顿时像泄了气的皮球。只见他无力地走到自己的床边，趴在床上，想着明天一整天要干的苦力活，顿时连话都不想再说了。

"你过来。"我对沙沙同学说，"你小声告诉我你的解法。"

于是，沙沙同学凑过来，在我耳边说出了他的解法。

"这样吧。"听沙沙同学说完，我又对大家说，"除了小唐同学，你们每个人都分别再把自己的解法说一遍。"

"没问题。"八戒满不在乎地笑了笑，然后看了一眼趴在床上的小唐同学，安慰道，"师父，你别灰心，你要仔细听，这对你来说是一个学习的过程。"

小唐同学翻过身，双眼无神地看着我们："听寒老师的口气，好像也没有我什么事。你们讨论吧，我先睡了，明天还要挑一天的担子呢。"

"等等。"我对小唐同学说，"他们3个说完自己的解法后，你得来评判一下，谁的解法才是最巧妙的。"

"啊——"小唐同学一下子来了精神，从床上爬起来，"好好好，哈哈哈！这次我可是裁判哦！"

八戒一看，慌了："这怎么行？万一师父偏心呢？"

我说："我相信小唐同学不会偏心的，再说了，我还在旁边监督呢。"

"嘿嘿嘿……"小唐同学一脸坏笑地看着八戒。

"别浪费时间了，从八戒开始说吧！"我催促道。

"好！"八戒清了清嗓子，拿起纸和笔，说出了自己的解题过程。

「知识板块」

三徒弟各解难题

八戒的解法：

$\dfrac{1}{7} > \dfrac{(\ )}{(\ )} > \dfrac{1}{8}$，这道题看似很简单，

只要填入一个数，让这个数小于 $\dfrac{1}{7}$ 又大于

$\dfrac{1}{8}$ 就行了。具体要怎么做呢？

对于一个分数来说，如果把分子和分母同时乘以一个不为零的数，那么，这个分数的大小是不变的。比如，对于 $\dfrac{1}{2}$ 这个分数，若我们把它的分子和分母同时乘以 3，就得到了 $\dfrac{1 \times 3}{2 \times 3} = \dfrac{3}{6}$，而 $\dfrac{3}{6}$ 和 $\dfrac{1}{2}$ 是一样大的。

根据这个思路，我把 $\dfrac{1}{7}$ 的分子和分母同时乘以 8。为什么要乘以 8 呢？因为 8 是第二个分数的分母，用它来相乘便于比较。

$\dfrac{1}{7} = \dfrac{1 \times 8}{7 \times 8} = \dfrac{8}{56}$，完成这一步后，我如法炮制，又把 $\dfrac{1}{8}$ 的分子和分母同时乘以 7，

$\dfrac{1}{8} = \dfrac{1 \times 7}{8 \times 7} = \dfrac{7}{56}$。最后，这道题实际上就变成了这样：

$$\dfrac{8}{56} > \dfrac{(\ )}{(\ )} > \dfrac{7}{56}$$

咦，似乎还是不能很方便地填出中间的数，怎么办呢？哈哈，这就是我的高明之处。我忽然想到了，把这两个分数的分子和分母同时乘以 2 就好了，你们看：

$$\frac{8 \times 2}{56 \times 2} = \frac{16}{112} > \frac{(\quad)}{(\quad)} > \frac{7 \times 2}{56 \times 2} = \frac{14}{112}$$

瞧，这不就一目了然了吗？中间填入

$\frac{15}{112}$就可以了。即：

$$\frac{1}{7} > \frac{15}{112} > \frac{1}{8}$$

悟空的解法：

我的解法跟八戒的类似，那就是想办法让这两个分数的分母变成一样的。$\frac{1}{7}$ 和

$\frac{1}{8}$这两个分数，怎样才能让它们的分母一样呢？很简单，我让$\frac{1}{7}$的分子和分母同时乘以8，再乘以3，即：

$$\frac{1}{7} = \frac{1 \times 8}{7 \times 8} = \frac{8}{56} = \frac{8 \times 3}{56 \times 3} = \frac{24}{168}$$

接着，我也如法炮制，让$\frac{1}{8}$的分子和分母同时乘以7，再乘以3，即：

$$\frac{1}{8} = \frac{1 \times 7}{8 \times 7} = \frac{7}{56} = \frac{7 \times 3}{56 \times 3} = \frac{21}{168}$$

于是，这道题就变成了这样：

$$\frac{1}{7} = \frac{24}{168} > \frac{(\quad)}{(\quad)} > \frac{1}{8} = \frac{21}{168}$$

结果也是一目了然，我甚至可以在中

间的括号内填入两个分数，即：

$$\frac{1}{7} = \frac{24}{168} > \frac{23}{168} > \frac{22}{168} > \frac{1}{8} = \frac{21}{168}$$

沙沙同学的解法：

　　我的解法跟两位师兄的不同，我先把

$\frac{1}{7}$的分子和分母同时乘以2，即：

$$\frac{1}{7} = \frac{1 \times 2}{7 \times 2} = \frac{2}{14}$$

　　然后，我把$\frac{1}{8}$的分子和分母同时乘以

2，即：

$$\frac{1}{8} = \frac{1 \times 2}{8 \times 2} = \frac{2}{16}$$

　　于是，这道题就变成了这样：

$$\frac{1}{7} = \frac{2}{14} > \frac{(\ )}{(\ )} > \frac{1}{8} = \frac{2}{16}$$

　　我记得，当两个分数的分子相同时，

哪个分数的分母越小，这个分数就越大，

所以，我在括号内填入$\frac{2}{15}$就可以了。即：

$$\frac{1}{7} = \frac{2}{14} > \frac{2}{15} > \frac{1}{8} = \frac{2}{16}$$

“嗯……这么一比就很明显了。”小唐同学站在屋子中间，背着手说，“八戒的解法根本就……一点儿都不巧嘛。”

“哈哈哈。”悟空一听，大笑起来。

“你——”八戒指着小唐同学，“虽然我说的有点儿啰唆，但这还不是为了能让你听懂？你要是听不懂，又怎么知道我的解法巧不巧？”

小唐同学笑道：“好了，我不说你了，我要接着点评下一个人。”

“你肯定是故意针对我！”八戒扭过头，一屁股坐在床上，不再搭理小唐同学，“我不服！”

“哼，管你服不服。”小唐同学轻哼一声，“下面，我们再来看一下悟空的解法。他有一个很大的优点，就

是讲话不那么啰唆。"

"嘿嘿嘿，谢谢师父。"悟空双手抱拳。

"但是呢……"小唐同学继续说。

"等等！"悟空脸都青了，"师父，你这'但是'是什么意思呀？难道我的解法还不够简单？"

"你不要打岔。"小唐同学说，"你的解法其实和八戒的如出一辙，而且你把数字弄得很大，算起来有点儿费劲。所以，我觉得你的解法也不够巧妙。"

"哼！"悟空抱着胳膊，也很不服气。

"沙沙同学的解法呢，虽然也用到了乘法，但涉及到的数很小，一下子就能心算出来。所以，我宣布……"小唐同学说着，走到沙沙同学的旁边，把他的一只手高举起来，"沙沙同学的解法最巧妙！"

"谢谢师父，谢谢师父！哈哈……"沙沙同学一脸笑容，"太好了，下次我可以免试了。"

"不服！"八戒使劲拍着床板，"我就是不服！师父，你偏心！"

"八戒，我劝你别闹了，师父本来就很糊涂。"悟空躺在床上说，"他说什么就是什么吧。"

"你——你们，天地良心，我的评判完全是公平的！"

小唐同学愤怒地指了指八戒和悟空，又回头对我大吼一声："寒老师，你倒是说句话呀！"

"啊？怎么啦？我可没说你不公平啊。"

"之前我还以为当裁判是件好事，现在我算明白了，这是件得罪人的事，我不要做了！"小唐同学不高兴了，指着我说，"那你说现在该怎么办？八戒和悟空都不服，不如你来说一下，到底哪种解法最巧妙吧。"

"这个……我还是不评判了。"

"你们瞧！你们瞧！"小唐同学激动地说，"寒老师自己不愿意得罪人，所以才让我来当裁判！"

"这样吧。"我说，"我再说一种解法，然后你们来判断到底哪种最巧妙，好不好？"

"好！"八戒和悟空异口同声。

"还有另外的解法呀？"沙沙同学皱着眉说。

"当然了，注意听，我这就告诉你们。"

「知识板块」

分数比大小

要比较两个分数的大小有很多种办法，我们只要记住两条法则就基本上够用了。

第一条是，分母相同的两个分数，分子越大，分数就越大，比如 $\frac{2}{3} > \frac{1}{3}$。

第二条是，分子相同的两个分数，分母越小，分数反而越大，比如 $\frac{2}{3} > \frac{2}{4}$。

而对于这道题：

$$\frac{1}{7} > \frac{(\ )}{(\ )} > \frac{1}{8}$$

仔细观察上面的两个分数，它们的分子相同，都是1，这就好办了。

根据第二条法则，分子相同的两个分数，分母越大，分数反而越小。所以，我们只需找到一个数当作分母，且这个数既要比7大，还要比8小，这样的数有哪些呢？实际上，这样的数有无穷多个。例如：

$$8 > 7.9 > 7.8 > \cdots > 7.2 > 7.1 > 7$$

接下来就比较简单了，我们可以很容易地在分母处填入一个数字，比如7.1，就

像这样：

$$\frac{1}{7} > \frac{1}{7.1} > \frac{1}{8}$$

当然，$\dfrac{1}{7.1}$ 这个分数显然不是最终的结果，我们还需要把它的分子和分母同时乘以 10：

$$\frac{1 \times 10}{7.1 \times 10} = \frac{10}{71}$$

而答案就是：

$$\frac{1}{7} > \frac{10}{71} > \frac{1}{8}$$

中间那个分数的分母在 71 到 79 之间都是对的。换句话说，以上解法的思路就是，把 $\dfrac{1}{7}$ 和 $\dfrac{1}{8}$ 这两个分数的分子分母同时乘以 10，变成如下这样：

$$\frac{10}{70} > \frac{10}{71} > \frac{10}{72} > \cdots > \frac{10}{78} > \frac{10}{79} > \frac{10}{80}$$

瞧，是不是这样最简单？

两个村的矛盾

"原来这才是最简单的解法呀！"八戒说。

"我同意。"悟空附和道，"所以，寒老师说的才是这道题最巧妙的解法。明天师父挑担子，沙沙同学下次也不能免试。"

"唉……"小唐同学坐在床边，长叹一口气，"明天挑担子我心服口服，但是寒老师，你明明早就想好了最巧妙的解法，为何还要我去做这种得罪人的事？"

"既然你做不出来题目，当当裁判也不错呀。大家一起参与才有趣嘛。"我笑着说。

"有趣？"小唐同学看着我，"算啦，不说了，睡觉，明天我还要挑担子呢！"

第二天一早，我们早早地起床，又出发了。

离开富华镇，我们又经过一片广阔的平原。悟空、八戒和沙沙同学一路上又蹦又跳，有说有笑，而小唐同学挑着担子，吭哧吭哧地跟在我们后面。

就这样，我们一直向西前进。中午，我们来到一条笔直的公路旁，这条公路又长又宽，路上的车辆来来往往。正当我们打算穿过公路时，八戒却抬手往前方一指——

"你们看，那里有好多人呀！"八戒说，"奇怪，他们在公路边干什么呢？"

悟空说："去看看不就知道了。"

我们走近那群人，听到他们说话的声音很大，好像是两拨人正在争吵什么。

"凭什么便宜你们村？"一个男子指着另一拨人，"你们西屯村的人口还没有我们东屯村的多呢！"

另一拨人一听，急了，其中一个壮汉说："王二，瞧你说的，因为你们东屯村的人多就应该照顾你们，这算是哪门子道理？我看你根本就不知道什么叫公平。"

东屯村那个叫王二的男子一听，气得直跺脚："李发财，听你这口气，就好像你很公平似的，其实最不讲

理的就是你！"

"你说什么？"李发财撸起袖子，准备向王二冲过去，幸好被众人拉住了。

"嗨嗨嗨……"八戒一个箭步冲上前，站在两拨人中间，"大家吵什么呀？有什么问题坐下来好好商量嘛，不要伤了和气。"

"你是从哪来的？长得又丑又怪！走开！"西屯村的一个人指着八戒说。

"谁这么没礼貌？"悟空气不过，也跳了过去，"我师弟是一片好意，想听听你们遇到了什么难题，看看能不能帮你们解决，没想到你们却说这样难听的话。"

李发财站出来，准备把悟空和八戒拉走："两个小伙子，我们的问题无法解决，要么让他们村占了便宜，要么让我们村得了

好处，但我们谁也不想吃亏。所以呀，你们赶紧离开吧，一会儿我们万一动起手来，可能会伤着你们。"

八戒和悟空对视了一眼，摇摇头，退了出来。于是，两拨人又开始继续争吵。

"寒老师，怎么办呀？"八戒问。

"还能怎么办？赶紧走呗，这里火药味儿太浓了。"小唐同学抹了一把额头上的汗。

"稍等，咱们还是先打听清楚，他们到底遇到了什么问题。"我说，"也许咱们可以帮他们解决呢。"

说完，我走过去，把正在争吵的李发财拉了出来。

"李大哥，你快跟我们说说，你们到底遇到了什么问题，说不定我们真能帮得上忙呢。"我说。

"帮忙？"李发财说，"如果我们一会儿打起来，你们5个人也来帮我们村就行了！谢谢！谢谢！"

说完，李发财又要冲到人群中。

我一把将他拉住："不行！你要是不把问题说清楚，待会儿真打起来，我们就帮他们村，不帮你们村。"

"这……好好好！"李发财一下子蹲在地上，用一块小石头在地上画了起来，"是这样的……"

李发财说了半天才把问题说清楚。原来，他们遇到

的问题是这样的——

　　我们眼前的这条公路旁有两个村，东边是东屯村，西边是西屯村。

　　如图，两个村都在距离公路不远的地方，这条公路是去年刚刚修好的。俗话说的好，要致富，先修路。政府为了照顾这两个村，打算在公路上设一个路口。考虑到各种因素，只能设一个路口，而这个路口与两个村之间要修两条路，这样一来，无论是东屯村还是西屯村，都能与这条大公路连接在一起，两个村有什么农产品要拉到其他地方卖的话，就会方便很多。

　　另外，这两个村之间平时也经常来往，在路口处分别修两条路后，两个村就能相互连通，日常来往也会便捷许多。

　　而现在的问题是，既然要修一个路口，那么这个路口修在什么地方最好呢？东屯村的人想，最好是修在B点，这样在东屯村和图中的B点之间可以修一条短而笔直的路，再从 B 点到西屯村修一条路。

可是，西屯村的人不干了，这不是明摆着让东屯村占便宜吗？凭什么就不能从西屯村到图中的 A 点修一条笔直的路，再从 A 点修到东屯村？

两个村的人正是为这个问题而争执。眼看着他们越吵越凶，沙沙同学着急起来："这可怎么办？大家快想想办法呀！"

"现在的问题是，咱们得帮他们想个公平的办法。"八戒说。

"那当然了。"小唐同学跺了一下脚，"这还用你说。关键是，怎么想公平的办法？要么东屯村的人吃亏，要么西屯村的人吃亏，除非你能说服其中一个村，让他们做出让步。"

"显然，这是不可能的。"沙沙同学一脸担忧地看向我，"寒老师，你快想想办法吧，那两个村的人就快打起来了！"

"还想什么呀，咱们快离开这儿，别凑热闹了！"小唐同学说着，赶紧挑上担子。

"稍等！"我绕过小唐同学，朝前面那两拨人冲去。

冲到他们中间后，我大喊一声："我有办法了！你们别吵了！"

众人一听，顿时不说话了，纷纷看向我。

"小伙子，你有什么办法？"王二大声问我。

我说："我想到了一个让你们两个村都能满意的办法，保证公平。"

李发财上前一步："那你快说说看。"

"好，我马上就说。"我向两个村的人招招手，示意他们平息一下怒火，"你们都别激动，先坐下，我慢慢跟你们说。"

众人一听，纷纷坐在了地上。

"王二、李发财，"我指了指他俩，"你们两人之间现在隔着一段距离，那么请问，你们要怎么走向对方才是最近的路程？"

"最近的路程？"王二摸了摸脑袋，"要是我，就直直地走过去啊。难道还有更近的路程？"

"对呀，直着走过去最近。"李发财也说。

"没错！"我说，"如果在你们两人之间笔直地画一条线段，那么这条线段就是最短的。所谓'两点之间线段最短'，这个你们承认吗？"

王二等不及了，不耐烦地说："你就赶紧说你的办法，不要跟我扯什么两点之间，我听不懂！我就知道，直着走过去距离肯定最短。"

"好好好，我这就往下说，你别急。"

「知识板块」

两点之间线段最短

在公路旁设一个路口，再在路口与两个村之间各修一条公路，那么，路口设在哪里才是最好的呢？既要体现公平，还要兼顾路的长短，因为路修得越短就越省力，

而且，以后两个村之间不断来往也会比较方便。

下面，我们来看一下各种方案：

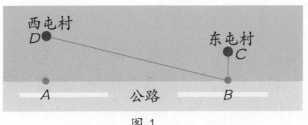

图1

东屯村的方案如图1。图中，路口设在 B 点处，如此，两个村的往返路程就是 C→B→D 和 D→B→C，路程的长度为线段 CB 加上 BD。虽然东屯村的人对这个方案非常满意，但是西屯村的人怎么也不同意。

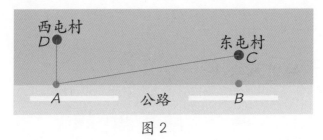

图2

西屯村的方案跟东屯村的方案类似，如图2，路程为线段 DA 加上 AC。

对于以上两个方案，先不说两个村的人是否同意，关键是，它们是最短的路程吗？显然都不是。那最短的路程又是什么呢？假设不连接公路，只是往返两个村而已，那么最短的路程就很好找了——在两村之间画一条线段就行了，如图3：

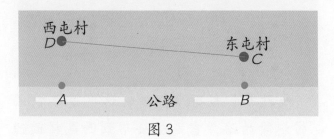

图3

然而，现在涉及到公路，怎样的方案才能让两个村的人都觉得自己没有吃亏呢？最简单的办法是，新修的两条路既不相交于 A 点，也不相交于 B 点，而是相交于 AB 之间的任意一点，比如 E 点，如图4：

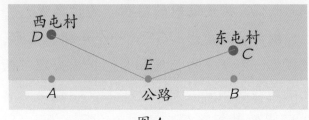

图4

这样一来，两个村的人可能就都不会觉得自己吃亏了。下一步要考虑的就是，如何让 DE 加上 EC 成为最短的路程？

咱们还得利用"两点之间线段最短"

这条公理，找出那个最理想的路口位置，如图5：

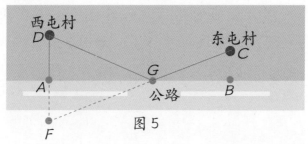

图5

线段 DA 垂直于公路，这也是之前西屯村想修的路，它是从公路到西屯村最短的路。

现在，我们把 DA 延长到 F 点，并让线段 AF 与线段 DA 的长度相等。

接着，我们连接 FC，使线段 FC 与公路相交于 G 点。这时，我们就可以断定，DG + GC 就是最短的路程。为什么呢？

因为，三角形 DGF 是一个等腰三角形，线段 DG 和 FG 的长度相等。根据公理"两点之间线段最短"可知，线段 FC 就是 F 点到 C 点的最短路程。又因为 DG = FG，所以 FC = FG + GC = DG + GC。由此我们可以知道，DG + GC 这条路就是从西屯村到东屯村的最短路程。

来到纳多林

　　"怎么样？我说的这个解决方案你们还满意吧？"我看了看西屯村的人，又转头看了看东屯村的人。

　　结果，他们还没来得及表态，八戒就大声喊道："那还用说，这个方案最完美了，既没有偏向西屯村，也没有偏向东屯村。另外，按照这个方案修路，来往两村的人和车辆走的路线都是最短的，我觉得这才是最重要的。诸位，这可是能给你们省下不少油钱，节省不少时间呢！"

　　"这个方案好！"李发财激动地站了起来，面向自己村的人大声问，"乡亲们，咱们就按照这个方案来，如何？"

"好！"西屯村的人异口同声。

"那你们东屯村的人呢？"李发财转过身看向王二。

"当然同意了。"王二也站了起来，走到我们面前，"我们相信他们这几个读书人。"

"那就好，既然意见达成一致，大家就心平气和地回去吧。"我说。

众人一听，纷纷站起来，各回各村了。

"真好，嘿嘿嘿。"八戒一脸高兴，"他们把咱们叫作读书人，我特别喜欢这个称呼。"

"你喜欢就好。"我拍了拍八戒的大肚子，"咱们快上路吧。"

说完，我们又迈开步子，准备向西走去。谁知道，李发财赶上来拦住了我们。

"你们几位等一等。"李发财说，"走走走，去我家吃个午饭吧。这次你们帮我们解决了大问题，我想好好感谢你们！"

"太好了，李大哥。"八戒笑着说，"我正好饿了，肚子咕咕直叫。"

于是，李发财把我们领到他家，给我们做了一顿丰盛的午饭。

"今天你们就住下来吧。"吃完饭后，李发财对我们说，"真的，我特别喜欢你们这些有文化的人，啥都懂，有见识。"

"谢谢李大哥的好意。"我说，"只是我们还要赶路，就不打扰了。"

"是的，李大哥。"悟空站起来，双手抱拳，"多谢你的招待，我们这就告辞了。"

告别了热情的李发财，我们又上路了。猴沙猪吃得饱饱的，看起来精神满满，唯有小唐同学垂着头，默默不语。

"师父，你刚才没吃饱吗？"悟空停下来问，"你好像很不开心。"

"我当然不开心了！"小唐同学生气地回了一句，"刚才李大哥挽留咱们住下时，咱们就应该同意。"

"为什么？"沙沙同学问，"现在刚过中午，天气这么好，万里无云，和风阵阵，多适合咱们赶路呀。"

八戒回头笑着说:"师弟,你怎么不明白呀?如果咱们今天住下的话,师父现在就不用挑担子了。"

"哦……"沙沙同学拍了一下脑袋,恍然大悟,接着又指向前方,试图转移话题,"师父你别难过,看见没,前面黑压压的,肯定是一大片原始森林。"

"关我何事?哼!"小唐同学轻哼一声。

"怎么不关你的事呢?"悟空说,"那森林里面必定有很多好吃的水果,吃都吃不完。"

八戒望着前方,也是一脸期待:"虽然咱们刚吃饱,吃不下太多水果,但咱们可以在这两个箱子里多装一些水果,装得满满的。"

"那么重,你来挑呀?"小唐同学反驳道。

"师父你放心,没准今晚咱们就住在森林里了。"悟空拍了拍小唐同学的肩膀,安慰道,"烤着篝火,听着鸟叫声入眠,这种经历咱们好久都没有体验了。"

就这么一路说着,到了下午,我们走进了森林。

为了让小唐同学歇息一会儿,我们在一棵大树下坐了下来。环顾周围那些遮天的大树,听着清脆婉转的鸟叫声,我们的心情好极了。过了大约半小时,我们再次出发,希望能在太阳落山前找到一棵结满果子的树。

　　然而，让我们感到失望的是，我们在这个原始森林里走到天黑，都没有发现梦寐以求的果树。

　　本来这也没什么，我们大不了找块地方，点燃篝火，舒舒服服地睡一晚上，第二天清早再出发就好了。可是，在没走进森林前，我们想当然地以为森林里肯定有吃不完的果子，所以没怎么节省我们带的水。

　　结果，现在天黑了，所有的水都喝光了，而果子却还没有找到。这时，大家开始慌了。走了一天的路，小唐同学累极了，按理说他应该叫停，原地休息，可是现在的他比谁都着急，因为他太渴了。大家谁也没有说要停下来过夜，而是点燃火把，继续前进，心中都有一个希望：也许果树就在前方。

然而，走到了深夜11点，我们也没有找到一个野果。大家筋疲力尽，又饥又渴。

"你们看，那个地方好像有灯光！"走在最前面的悟空突然指着远处喊道。

大家一听，顿时无比兴奋。有灯光就意味着有人，而有人的地方，就可能有水。

"在哪里？在哪里？"八戒冲到悟空旁边，探着身子往远看，"我看到了，确实是灯光，太好了！"

"唉……"沙沙同学叹了一口气，"你们左右看看，周围已经没有几棵树了。"

大家一听，不由得左右看起来，发现身边的树木越来越少。原来，我们不知不觉已经走出了森林。

"我还奇怪呢，这森林里面怎么会有人居住。"小唐同学说，"没想到已经走出来了。那咱们干脆就快走几步，讨水喝去！"

不一会儿，我们就找到了这户住在森林边上的人家。这栋房子外面有一个小院子，院外有一圈围墙。围墙不是由砖砌成，而是用树桩围起来的。

"有人吗？"小唐同学站在门边大喊，语气中透着着急。

"请问，有人吗？"小唐同学又大声喊道。

过了一会儿，一个男子打开门，说道："你们是……"

"大哥，我们刚从森林里走出来，非常非常渴，你能不能给我们点儿水喝？"小唐同学担心他拒绝，又急忙补充道，"喝完我们就走。"

"哦，快进来吧。"大哥把我们带进了院子。

到了屋里，大哥让他的妻子给我们每人倒了一杯水。

咕咚，咕咚……我们5个人一齐仰头把水喝干，顿时觉得舒畅多了。

"大嫂，你们有很多孩子吗？"沙沙同学擦了擦嘴巴，问道。

那位大嫂疑惑地反问道："为什么你会这么问呢？"

"哦，我没有别的意思。"沙沙同学急忙解释，"我看到你家的房子很大，院子也很宽敞，所以猜想你家肯定有很多孩子，一大家子人住在一起。"

大哥摇了摇头："实话告诉你们，我们只有一个男孩，他已经睡了。"

"其实我们很想再多生几个孩子，这样家里就会更热闹一些。"大嫂说着，坐在了一条长凳上，显得有些失落，"我们连房子都为他们准备好了，只可惜，人算不如天算……"

"人算不如天算？"小唐同学一脸纳闷儿，"这是什么意思？"

"唉，不让生啊……"大哥说着埋下了头。

真奇怪，是谁规定不让生孩子？我们又继续打听，这才了解了事情的原委。

原来，我们穿过原始森林后，来到了一个叫作纳多林的小王国。纳多林的东面、南面、北面都是森林，西面虽然没有森林，但有好几座大山。

这样的地理环境让纳多林成了一个比较封闭的地方，人口也不怎么多。本来，纳多林的人很少同外界接触，过着平静的生活。可是，越来越多的外地人来到这里，让纳多林的女孩们了解到了外面的精彩世界。纳多林的女孩心灵手巧，很容易在外面找到合适的工作，所以，很多女孩穿过森林，去往外面的世界工作、生活，再也没回来。

这种情况导致纳多林的女孩越来越少，很多男孩长大后都找不到媳妇。为了解决这个问题，纳多林的国王下令，要让大家多生女孩，少生男孩，还颁布了这样一条法律：一个母亲如果生了一个男孩，就不准再继续生孩子了。

"天下之大，无奇不有。没想到，居然还有这样的法律！"小唐同学一脸不悦，"不过，我不觉得纳多林的女孩数量会因此超过男孩。"

"你们有所不知。"大哥说，"这条法律确实能让我们纳多林的女孩越来越多。"

　　"你们想呀。"大嫂接过话来，"如果我的第一个
孩子是女孩，那么根据法律，我还可以继续生孩子，如
果第二个孩子也是女孩，我还可以接着生，直到我生出
一个男孩为止。所以，这会让纳多林的很多家庭有多个
女孩，却只有一个男孩。"

　　"原来是这样！"八戒拍了一下脑袋，"虽然我不
喜欢这条法律，但是你们还别说，这条法律真的管用。"

　　"是呀，唉……"大哥又叹了一口气，"这就是我
们家只有一个男孩的原因。"

　　"大哥，你们很想再多要几个孩子吗？"我问。

　　"那还用说。"大嫂抢着回答，"这么大的家里只
住着我们三口人，实在太冷清了！"

　　"好，那明天我去找找你们的国王。"我说，"也
许我能说服他，废除这条法律。"

　　"你？"大哥一脸不相信，"这太难了，真的。你

不了解我们纳多林，不少女孩已经走出去了，为了避免这里的男孩以后找不到媳妇，国王是肯定不会废除这条法律的。"

"就是。"小唐同学说，"寒老师，你不可能说服纳多林的国王，因为这关系到他们王国的长久发展。"

我拍了拍胸口："我应该能说服他，因为这条法律并不会让纳多林的女孩多过男孩。"

"这是什么意思？"悟空一脸不解。

"我的意思是……"我望着众人说道，"这条法律实施后，男孩和女孩的出生比例并不会有太大变化，跟这条法律颁布前的状况应该差不多。即使大家都遵守这条法律，新出生的女孩数量也不会超过男孩。"

"不可能！"沙沙同学说，"寒老师，你可能搞错了。"

"没错，如果你们再仔细想想就会发现，我说的没错。"我说，"而这就是我有信心说服国王的原因。"

唐猴沙猪一听，都皱着眉头陷入了思考中。

"明天咱们还得上路。"我说，"这样吧，你们4个人谁最后没有想出这是为什么，明天的担子就由谁来挑吧。"

"上路？"大哥说，"可别呀！几位小兄弟，如果你们真能说服国王废除这条法律，你们就是我家的大恩人，你们想在我家住多久就住多久。"

"谢谢大哥。"我说，"也许我们会在纳多林待上一两天，但最终，我们还得上路。"

我想了想，又对唐猴沙猪说，"那咱们改一下，你们4个人谁最后没有想出这条法律为什么没用，等咱们离开纳多林的那一天，就由他来挑担子。"

"好。"小唐同学转向大哥，抱拳道，"大哥，我们今晚就住在你家啦！明天我们去找国王，说服他废除那条法律。"

"没问题，我家的房间多得是！"大哥边说，边拉着我们，"走走走，我带你们去休息。"

无用的法律

第二天，早上9点左右，我们起床了。吃过早餐之后，我们把担子留在大哥家，出发去找国王。

纳多林这个王国果然是国如其名，不但三面被原始森林围绕，就连国内也到处都是大树，郁郁葱葱，景色很美，让人感到心旷神怡。

"你们现在知道为什么了吗？"我问唐猴沙猪，"经过一晚上的思考，你们应该能想到，那条法律为什么没用了吧？"

"什么一晚上呀。"八戒说，"我倒在床上就睡着了，哪有时间思考？"

"我也是。"小唐同学说。

"我可不管，如果你们谁最后没有想出来，出发那天，他就得挑担子。"

唐猴沙猪一听，顿时无心再欣赏周围的好风景，开始专心思考起来。

我们越往前走，周围的房子就越多。按照临出门前大哥指点的方向，我们来到了一座漂亮的城堡前——这里就是纳多林国王所住的地方。

一路走过来，唐沙猪都已经想明白了，唯有悟空还是满脸疑问，死活就是转不过弯来。

"你们一定是搞错了，这条法律肯定会让纳多林的女孩比男孩多。"悟空说，"因为法律会让很多人家有两三个，甚至四五个女孩，却只有一个男孩。"

"你还没想明白吗？哈哈！"八戒说，"咱们现在就要进入城堡了，我巴不得马上就见到国王，说服他废除法律。"

　　说着，我们来到城堡的大门边，还没有踏进半步，就被两个卫兵拦住了。

　　"你们要干什么？"其中一个卫兵盯着我们。

　　"我们要见你们的国王，并且告诉他一件大事。"八戒说，"这件事非常紧急，你们赶紧通报一下。"

　　"有什么事，你先跟我说。"另一个卫兵说，"见我们国王可不是那么容易的。"

　　"你们……"八戒没想到会这样，气得大声说，"这件大事对你们纳多林王国很重要，我劝你们赶紧去通报一下。否则，耽误了事，你俩是要负责任的！"

　　"到底是什么事呀？"一个卫兵问。

　　我说："你们去告诉国王，就说门口有 5 个人，想跟他谈谈男孩女孩比例的事，如果你们的国王还是不见，我们也不为难你们，好不好？"

　　两个卫兵互相看了一眼，然后一个卫兵默默地转身，前去通报了。

　　几分钟后，那个卫兵出来了，朝我们招招手："请进吧。"

　　进入城堡，我们见到了纳多林的国王。

"听说你们是来跟我谈男孩女孩比例的事？"国王坐在一把漂亮的椅子上，说话不紧不慢。

"是的，国王，我们正是为此事而来。"八戒说，"我们想请您废除之前颁布的法律。"

"想必，你们也听说了我国女孩越来越少的事。"国王说，"怎么，你们对那条法律有什么意见吗？"

"国王，我们来只是想告诉你，你的那条法律一点儿用也没有。"八戒继续说，"它不会让你们王国出生的女孩比男孩多。"

国王一听，皱起了眉："你们是外地人吧？我想你们对这条法律还不了解，它会让很多人家拥有好几个女儿，却只可能有一个儿子。这条法律绝无问题，你们仔细想想就能想清楚的。"

"对，我也是这么认为的。"悟空说。

国王站起来，微微一笑："瞧，你们连自己人都没有说服，可见，你们的说法完全是无稽之谈。我还有别的事，你们请回吧。"

"等等！"八戒急了，"国王，我跟你打个赌。如果我不能说服你，我给你10枚金币；如果我能说服你，你给我10枚金币。怎么样？"

"哈哈，有趣。"国王又坐下了，"好，既然你还是执迷不悟，那就别怪我赢你这10枚金币。"

"嘿嘿嘿……"悟空捂着嘴，小声地偷笑，"八戒，你可有10枚金币？到时候可别让我救你。"

"不用你管。"八戒一把推开悟空，转向国王，问道，"国王，我想先问你一件事。一个女人生孩子，你觉得她生男孩的可能性是多少？生女孩的可能性又是多少？"

"这么简单的问题你也拿来问我，看来你真是要输给我10枚金币了。"国王说，"很简单，生男孩的可能性是一半，生女孩的可能性也是一半。否则的话，咱们这个世界可就乱套了，要么女孩远远多于男孩，要么男孩远远多于女孩。"

"太好了，国王你也知道数学上的概率。"八戒说，"下面，我将向你证明，你的这条法律为什么没有用。"

「知识板块」

这条法律为什么没有用

首先，我们要牢记一点：生男孩和生女孩的可能性是一样的。这就像抛出一枚硬币，正面朝上的可能性和反面朝上的可能性一样。如果我们抛 10 次硬币，按理说，应该是 5 次正面朝上、5 次反面朝上。但是现实中，可能会出现 7 次正面朝上、3 次反面朝上的情况。这又是怎么回事呢？其实，这是我们抛硬币的次数还不够多的缘故。

假设，你抛 100 亿次硬币，那么你就会发现，接近 50 亿次正面朝上、50 亿次反面朝上。知道了这一点后，我们再来看纳多林王国遇到的问题。

好了，假设纳多林王国现在有 160 个正怀孕的母亲，一段时间后，不考虑生双胞胎的情况，她们生下了 160 个孩子。按照刚才我们已经了解的，男女孩的出生比例是一样的，这 160 个孩子中，有 80 个男孩、80 个女孩。如果按照那条法律，凡是生男孩的母亲就不能再生孩子了，而生女孩的母亲还可以继续生。因为她们还可能

接着生女孩，所以，这给人一种错觉：出
生的女孩数量多于男孩。其实，这是不对的。
下面我们列一个表，大家就清楚了。

160 个母亲生下 160 个孩子					
80 个男孩 （不能再生）	80 个女孩				
	40 个男孩 （不能再生）	40 个女孩			
		20 个男孩 （不能再生）	20 个女孩		
			10 个男孩 （不能再生）	10 个女孩	
				5 个男孩 （不能再生）	5 个女孩
第一轮	第二轮	第三轮	第四轮	第五轮	第六轮

如上面的表格，160 个母亲生下 160 个
孩子后，生下男孩的那 80 个母亲不能再生
孩子了，而生下女孩的母亲可以继续生。
第二轮中，生下男孩的 40 个母亲不能再生，
而生下女孩的 40 个母亲可以接着生。虽然
她们还可以再生，但是，她们生下的 40 个
孩子中，还是会有 20 个男孩、20 个女孩，
如此下去，我们就会发现，无论进行多少轮，
男孩和女孩的总数都是一样的。上表中，
160 个母亲最终一共生下男孩 80 ＋ 40 ＋
20 ＋ 10 ＋ 5 ＝ 155（个），女孩也是 155 个。

　　因此，这条法律不会让纳多林王国新
出生的女孩数量超过男孩。

"怎么样，现在相信了吧？"八戒问。

"稍等，我再仔细看看这个表格。"国王俯下身，看着八戒画出来的表格。

悟空刚才还不相信，现在终于明白了。他摇摇头，一脸惋惜："如果我之前也画出这样的表格，推演一下，应该马上就清楚了，唉……这次我认输。"

国王想了想，也明白过来，一脸失落地说："为了让我们纳多林的女孩数量超过男孩，我苦想了好久才想出这条法律。谁知道，它不仅让百姓们怨声载道，而且真的一点儿用也没有。"

"也就是说，你要废除这条法律了？"我问。

"那肯定啊。如果这个方法有用，我宁愿背负骂名，让百姓们记恨我。但现在发现它没有用，亡羊补牢，为时未晚，我明天就废除这条法律。"国王说完，转身吩咐身旁的人，"去取 10 枚金币来，我输了。"

过了一会儿，国王把 10 枚亮闪闪的金币递给了八戒，八戒甭提有多高兴了。国王坐回到自己的宝座，低着头，一脸不高兴。

"国王，你是因为输了 10 枚金币而难过吗？"八戒问。

"怎么会？"国王又抬起头，"如果能让我们王国的女孩数量变多，就是要付100枚金币我也愿意。可是……我现在觉得自己好无能。"

"国王，其实，这件事不难。"我说。

"你有方法？"国王睁大眼睛，"快说！"

我分析道："很多女孩因为见识了外面的精彩世界就不回来了，这才导致纳多林的女孩越来越少。既然如此，你只要想办法让纳多林王国也变得很吸引人就可以了。"

"我们的王国比较封闭，怎样才能让它吸引人呢？"国王说。

"那就努力让这个王国开放起来呀。我们几个一路西行，经过了很多地方，要说风景秀丽，没有几个地方能比得上这里。你可以把纳多林王国变成一个旅游胜地，吸引越来越多的人过来，让这里的居民也能过上富裕的生活。"我说，"何况，外面的世界虽然繁华，但不一定能给人们带来幸福。所以，只要你让百姓们觉得自己

在这里生活得很幸福，我想他们是不会离开的。即使是那些已经离开的女孩，当她们厌倦了外面的世界，发现家乡变得很有吸引力的话，也会愿意回来的。"

"太对了！"国王激动地站起来，"这才是最根本的解决办法，让住在这里的人都过得富裕，不愁吃穿，每天开开心心，全国上下一片幸福和谐。"

"是的是的。"我说，"否则的话，即使纳多林出生的女孩再多，她们迟早也会离开。但如果她们觉得这里是一个无比幸福的地方，她们才不会走呢。"

回到那个大哥家，我们把好消息告诉了大哥和大嫂，他们两口子高兴了好半天。以后，他们就能多生几个孩子了，让家里热热闹闹的。

大哥和大嫂一直挽留我们，希望我们能多住几天，但我们委婉地谢绝了他们的好意，只多住了一晚。

败走概率城

　　第二天一早，我们又上路了。按照之前的约定，今天由悟空挑担子。

　　纳多林王国的西面是难以翻越的大山，不过，说难以翻越，那是对外地人而言的。临出发前，大哥和大嫂给我们指了一条小路。

　　我们顺着那条小路一直走，虽然很辛苦，但到中午，我们终于翻过了那座山。

　　前方还是有很多山，高低错落，连绵起伏。我们一路前行，在傍晚时分来到了一座不知名的城市。城里有大片大片的灯火，看上去挺繁华的。

进入城中，我们在一家餐馆吃了一顿饭，接着又找了一家旅馆住了下来。向旅馆的老板打听后，我们才得知，这座城叫紫韵城。

"你们是来旅游的吗？"旅馆的老板是一位慈祥的老爷爷。

"不，我们只是路过，明天在这里停留一天后，我们还得继续赶路呢。"八戒说。

"哦，那就好。"老爷爷说，"有件事我得提醒你们一下，我们紫韵城的生活节奏慢，生活压力小，导致很多人爱上了赌博。如果你们明天上街，看到街边有人摇骰子、玩扑克，千万不要跟过去玩。很多外地人不懂，禁不住诱惑，都输了个精光。"

"这样呀。"八戒满不在乎，"哈哈，玩扑克时，每种牌出现的可能性都是一种概率，而说起概率，相信我们懂得不比你们紫韵城的人少。"

"这么说，你们明天还是要去玩？"老爷爷问。

"玩玩也无妨嘛。"八戒说。

"那好吧。"老爷爷伸出一只手，"你们先把房费付了，别到最后，你们输得连房费都付不起。"

"哈哈，老爷爷，原来你是怕我们明天输个精光，付不起房费呀！"八戒笑了笑，"没问题，我们现在就把钱付给你。"

说着，我们每人掏出一些钱，一起付给了老爷爷。

"我不仅是怕你们付不起房费。"老爷爷说，"我是开旅馆的，见过不少人。很多外地人都是乘兴而来，败兴而归。我不希望你们也这样。"

"谢谢提醒，我们会记住的。"我说。

老爷爷走后，我们依次洗漱完毕，准备上床睡觉了。

"寒老师，你觉得我说的对吧？"八戒躺在床上，"赌博基本上都跟概率有关系。而我觉得，我差不多已经领会到了概率的真谛。"

"真是一点儿也不谦虚，你还差得远呢。"我说。

"不不不，如果我不知道一个妇女生男孩和生女孩的概率都是 $\frac{1}{2}$，那么我也不会懂得，纳多林国王颁布的那条法律为什么没有用，也就不会赢得10枚金币了。经

过这件事，我觉得自己已经完全知道概率是怎么回事了。"

悟空一听，急了："你明天不会是要拿那10枚金币去试手气吧？八戒，我告诉你，你想都别想，那10枚金币是我们大家的。"

"放心，我才没有那么冲动呢。"八戒说，"我顶多就是把我身上的零钱拿去玩一下而已。如果赢了，明天我就请你们吃饭。"

第二天上午10点左右，我们出门了，大家都想在紫韵城好好转转，放松一下。

旅馆的老爷爷说的没错，紫韵城就像个赌城，我们走到哪里都能看到一些闲着没事的人在赌博，不是玩扑克，就是摇骰子。还有一些人聚在一起聊天，讨论的也是关于赌博的话题。

"我不喜欢这个地方，早知道，咱们还不如在纳多

林王国多待几天呢。"沙沙同学说，"依我看，这里的人既然这么喜欢参与一些跟概率有关的活动，那这紫韵城还不如叫概率城得了。"

"概率城……哈哈，是个好名字！"八戒得意地说，"对我这种领会到概率真谛的人来说，概率城一定是我的福地。"

"得了吧！赌博在任何时候都不是好事，很多坏事都是因为赌博而发生的。所以，我劝你们不要去玩，否则一定会后悔的。咦，小唐同学呢？"我转头四处寻找，发现小唐同学已经在一个小摊边停了下来。

"你在干什么呀？"悟空走过去，拉着小唐同学，"我还以为八戒会第一个禁不住诱惑，没想到是你。"

"这次我能赢，我是看准了才会下注的。"小唐同学头也不抬。

"对，看准了就会赢。"摊主见我们围过来，又继续诱惑我们，"就是6张扑克牌而已，里面有2张老K。当我铺上牌，并打乱之后，你们从中选2张牌，如果这2

张牌都不是老K，那么你们就赢了；假如里面至少有1张老K，我就赢。怎么样，很简单吧？来来来，快下注！"

小唐同学抽出10元砸在桌子上，大声说："我先押10元！"

说完，小唐同学就从6张扑克牌中翻出了2张。里面没有老K，这次小唐同学赢了，他的10元变成了20元。

"怎么样？哈哈……"小唐同学回头对我们说，"6张扑克牌中，只有2张是老K，显然，出现老K的概率要小一些。"

"好吧，小唐同学，你先在这儿玩，我们去吃午饭了。"我说。

"行。"小唐同学一口答应，"待会儿我来给你们付午饭钱。"

八戒此时也蠢蠢欲动，但因为食物的诱惑力更大，他还是跟着我们去吃午饭了。

40多分钟后，当我们吃完饭，准备付钱时，小唐同学过来了。

"瞧，付钱的来了！"八戒指着小唐同学兴奋地大叫。

小唐同学一句话也不说，来到我们的桌边坐下，向店老板要了一碗面条，默默地吃了起来。

"师父，你赢了多少钱呀？"八戒好奇地问。

小唐同学埋着头，只顾吃面条。

"怎么了？"八戒擦擦嘴巴，"你难不成是反悔了，不想付饭钱吗？"

"我输了。"小唐同学依然埋着头，脸红红的，"八戒，你待会儿帮我付饭钱吧。"

"什么？"八戒一听，激动地站起来，"这这这，我们还想着你来给我们付饭钱呢，没想到你全输光了！"

"你不要再说了，我心情不好。"小唐同学这才抬起头，盯着八戒，"反正这碗面的钱你得给我付。"

"按理说……不应该呀。"八戒摸了摸脑袋，一脸疑惑，"6张扑克牌里面，只有2张是老K，也就是说，平均3张扑克牌中，只有1张是老K，摸到老K的概率是 $\frac{1}{3}$ ，而摸到其他牌的概率是 $\frac{2}{3}$ 。师父应该不会输呀，那个摊主是不是使诈？

如果是这样，咱们就回去找他。"

"对！咱们回去找他算账！"悟空一拍桌子，站了起来。

"坐下坐下。"我一把将悟空拉住，"那个摊主没有使诈，只是你们糊涂了而已。"

「知识板块」

出现老K的概率

6张扑克牌中，只有2张是老K，八戒的算法的确会给人一种错觉，让人认为出现老K的概率比较小，赢的可能性比较大。但实际上，八戒的算法是错误的。

为了便于说明问题，我们假设这6张牌分别是红桃2、红桃3、红桃4、红桃5、梅花K、红桃K。

现在，咱们来看看，这6张扑克牌中，随机抽出2张牌，共有多少种组合。这些组合中，至少有1张老K的组合是多少种。

列出这些组合之前，我们首先得清楚，任何牌都可能跟其他牌组合在一起，例如，"红桃2"就可以与其他5张牌凑成5种组合。明白这点后，我们开始列出各种组合，如下：

红桃2和红桃3	红桃3和红桃4	红桃4和红桃5
红桃2和红桃4	红桃3和红桃5	红桃4和红桃K
红桃2和红桃5	红桃3和红桃K	红桃4和梅花K
红桃2和红桃K	红桃3和梅花K	红桃5和红桃K
红桃2和梅花K	红桃K和梅花K	红桃5和梅花K

数一数，我们就能发现，从6张扑克牌中随机地抽出2张，总共会出现15种不同的组合。

在这15种组合中，至少出现1张老K的组合为9种，而1张老K都没有出现的组合为6种。

也就是说，摊主赢的概率为$\frac{9}{15}$，简化一下就是$\frac{3}{5}$；小唐同学赢的概率为$\frac{6}{15}$，简化一下就是$\frac{2}{5}$。

显然，摊主赢的概率更大。

"寒老师，你早就知道这个结果，对不对？"小唐同学听我说完后，啪的一声放下筷子，大声对我吼道，"你既然已经知道我会输，为什么不提前跟我说？我……我身上的钱都输光了你知道吗？"

"哎哟，小唐同学，你这就不对了。"我说，"我又不是神仙，哪能一下子就看破，我也是刚刚才思考出来的。"

"我不信！你就是故意不告诉我的。"小唐同学不依不饶，"这次的饭钱我不让八戒付了，我让你付！"

"你——"我说，"我早就告诉你们，看到大街上那种摇骰子、玩扑克的，不要过去，你偏不听，现在还怪在我头上，真是的。"

"好了好了，你们别吵了。"八戒一脸不耐烦，"得得得，师父的饭钱还是我来付吧，谁叫我之前赢了10枚金币呢。"

"谢谢八戒。"小唐同学一脸感激。

"小事小事。"八戒说，"师父呀，你之所以输，归根到底还是概率没有学好，或者说，你对概率的本质还没有摸透。"

悟空瞥了八戒一眼："就好像你已经把概率的知识完全掌握了一样。"

"至少比你强。"八戒回头反驳了一句。

出了饭馆后，我们又继续在大街上闲逛。

走着走着，我们看到前方不远处围着很多人，不知道是在干什么。八戒很好奇，第一个跑过去，挤进了人群中。

我们也快走几步，挤入人群，来到八戒旁边。

"这是在玩什么？"悟空拍了拍八戒的肩膀，打听起情况来。

八戒指着桌子上的3个骰子，解释道："你们瞧，正常的骰子有6个面，每个面的点数从1到6。但是这张桌子上的3个骰子却不一样，红色的那个骰子，6个面的点数分别是两个 3、两个 4 和两个 8；黄色的那个骰子呢，6 个面的点数分别是两个 1、两个 5 和两个 9；而蓝色的那个骰子，6 个面的点数分别是两个 2、两个 6 和两个 7。"

"这怎么玩呢？"小唐同学问。

"不难，就是比大小。"八戒说，"比如，咱们随便选一个骰子，摇一下，正面朝上的点数是 5，要是摊主再选一个骰子，摇出来的点数比 5 小，那么咱们就赢了。"

"这也就是说……"小唐同学眉头紧皱，"有 3 个不同的骰子，哪个骰子更容易出现大的点数，选哪个骰子就更有优势？"

"对，我也是这么想的。"八戒就像找到了知音，"只是，我还在思考，这 3 个骰子选哪个最有优势。寒老师，你知道吗？"

"目前我还不知道。但是，我劝你们别玩，真的。"我说。

"你真啰唆！"八戒白了我一眼。

小唐同学凑到八戒耳边小声说："咱们先仔细观察一会儿，如果摊主经常选择哪个骰子，那就说明哪个骰子赢的概率更大。"

"这真是个好主意！"八戒惊喜地看着小唐同学。

"怎么样？为师的脑子还是挺灵光的吧。"小唐同学眉开眼笑，"待会儿，你得借我 30 元钱，我想翻本。"

"小事小事，哈哈哈……"八戒高兴地答应了。

说话间，人群中爆发出一阵叫好声，一个人押了 20 元，他摇出的点数是 8，而摊主摇出的点数却是 5，摊主输了。

八戒见那个人赢了，自己也按捺不住，准备掏钱。

"别急！再观察一会儿。"小唐同学一把拉住八戒，"时间还长着呢，咱们也不急这一会儿。"

"如此说来，你们是非玩不可啦？"悟空担心小唐同学再输钱。

"就是玩一下嘛。天天做数学题，挑担子，多无聊呀！"八戒一脸不高兴。

"就是。"小唐同学说。

"好吧。"悟空建议道，"为了防止某些人输了又怪别人，咱们分开玩。我跟沙沙同学还有寒老师去别的

地方玩，师父和八戒，你们在这里爱怎么玩就怎么玩，之后，大家在旅馆集合就行。"

"这个提议真是太好了，我就喜欢这样。"八戒说，"出来玩嘛，自由自在最好。谁喜欢听别人唠叨呢？师父，你说对吗？"

"就是。"小唐同学不甘心，一心想把输的钱赢回来，所以现在什么都听八戒的。

于是，我们分成了两拨。我和悟空、沙沙同学在紫韵城玩了一下午，去了不少有意思的景点，也吃了不少有特色的美味小吃，直到下午6点，我们才回到旅馆。

刚推开旅馆房间的门，我们就看见床上躺着两个人。他们用被子蒙着头，不知道是谁，顿时吓了我们一跳。沙沙同学刚踏入房间的脚一下子缩了回来，同时大喊一声："谁啊？"

床上那两个人听见喊声后，非但没有露头，反而又把被子往头上拉了拉。

看看地上的鞋子，我们一下就明白了，原来待在床上的是小唐同学和八戒，他们比我们先回来了。

"原来是你俩呀！"走进屋后，悟空坐在床上，"你们是不是赢了好多钱，假装不认识我们了？"

　　"不认就不认，我们自己也有钱。"沙沙同学说，"晚上吃饭不会让你们请客的。"

　　然而，无论我们怎么说，他俩就是把头蒙在被子里不说话。没办法，悟空上前，一把将八戒的被子拉开。八戒一看被子没了，又急忙用双手捂住脸。

　　"咦，这到底是怎么回事呀？"悟空纳闷儿地问，"你俩到底怎么了，为什么这么怕见我们？"

　　"算了，别问了。"我对悟空说，"他们肯定是又输了个精光。"

　　"糟糕！"沙沙同学冲到箱子旁边，急忙打开箱子看了看，这才松了一口气，"还好，10枚金币还在。"

　　"我只是输光了我的钱而已。"八戒的双手还捂在脸上，"金币我没有动。"

　　"师父，你的钱之前就已经输光了，现在还有什么可难过的呀？"悟空又来到小唐同学的床边，一把拉开了他的被子。而小唐同学也跟八戒一样，急忙用双手捂住脸。

"他向我借了 50 元，也输光了。"八戒解释道。

"哈哈哈……"悟空一听，忍不住大笑起来，"没想到，号称已经领会概率真谛的八戒，会跟师父一起输得这么惨。"

"唉……"八戒从床上坐起来，不断摇头，"这次真是失算了，但我直到现在也不知道，我们为什么会输。寒老师，你快帮我分析一下。"

"我也不知道。"我说。

"求你了，快想想。否则我……今晚我肯定睡不着觉。"八戒说。

"寒老师，你快说吧。"小唐同学把手从脸上拿开，"这次我不会怪你的。"

"等我想想。"我说。

思考了一会儿后，我问他俩："摊主是不是每次都选同一个骰子？"

"不是。"八戒说，"那家伙也是随机地选择骰子。"

"那就奇怪了。"我又问，"那么，在每一个回合中，

他有没有跟你们选同一种颜色的骰子？"

"这个嘛……"八戒仰头看着天花板，回忆起来。

"没有没有，我记得的。"小唐同学也从床上坐起来，"每一次，他都是选择跟我们不一样的骰子。"

"每次都是你们先摇骰子，然后摊主再摇？"我又接着问。

"是的。"八戒说，"摊主让我们任意选择骰子先摇，他后摇。"

小唐同学说："有那么几次，我看见他赢的时候都是选择蓝色的骰子，于是，我们有好几次也是选择蓝色的来摇，但最后还是输了。"

"嗯……"我说，"我似乎明白了，哈哈，那个摊主可真是聪明。"

"别卖关子了，快说快说。"八戒赶忙催促道。

"不急。"我说，"你们先好好想想，如果你们实在想不出来，我再公布答案。"

唐猴沙猪一听，立即陷入思考中。

然而，半小时过去后，还是没有人想出来。为了不耽搁大家吃晚饭，我告诉了他们答案。

「知识板块」

精明的摊主

上文故事中的 3 个骰子各不相同，它们分别为红、黄、蓝 3 种颜色，每个骰子和常规骰子一样，也是 6 个面，只是每个面上的点数跟常规骰子的不一样。为了便于区别，我们做一个小表格，需要注意的是，每种颜色的骰子虽然都是 6 个面，但是只有3种不同的点数，所以下面的表格中，每个骰子只记 3 个点数：

骰子	点数		
红色	3	4	8
黄色	1	5	9
蓝色	2	6	7

一眼望去，似乎这 3 个骰子各有优势，每一个骰子都有大的点数，也有小的点数。比如，虽然黄色的骰子有一个最大的点数9，但它同时也有一个最小的点数1，我们选择黄色的骰子后，若摇到9，肯定赢；若摇到1，肯定输。

在上文故事中，小唐同学和八戒的思

路是：仔细算一算，到底哪个颜色的骰子
最有优势，然后就选择那个颜色的骰子摇。
但实际上，这3个骰子没有哪一个最有优
势。不过，既然这样的话，为什么他俩会
输个精光？难道只能归结于运气差，或者
是摊主偷偷耍赖？答案并不是这样。那么，
原因又是什么呢？

现在，我们开始分析。

以红色骰子为例，它6个面的点数分别
是3，3，4，4，8，8。这说明，摇这个骰
子后，摇出3的概率是 $\frac{2}{6}$，化简一下就是
$\frac{1}{3}$，同理，摇出4和8的概率都是 $\frac{1}{3}$。而
其他颜色的骰子，出现相应点数的概率也
是 $\frac{1}{3}$。

知道了这些以后，我们现在假设，八
戒选择红色的骰子，摊主选择黄色的骰子。
我们来看看，谁赢的概率更大一些。

红骰子 \ 黄骰子	1	5	9
3	?	?	?
4	?	?	?
8	?	?	?

上页的图表很容易理解，最上面一行出现的 1，5，9 表示黄骰子的点数，而左边的 3，4，8 表示红骰子的点数。显然，当黄骰子摇出点数 1 时，红骰子怎么摇都能赢。因此，我们可以把第一列的那 3 个"？"，换成 3 个"红"字，这表示，黄骰子出现 1 时，红骰子赢。如下：

红骰子＼黄骰子	1	5	9
3	红	？	？
4	红	？	？
8	红	？	？

同理，我们很容易就能把后面的"？"换成相应的字，如下：

红骰子＼黄骰子	1	5	9
3	红	黄	黄
4	红	黄	黄
8	红	红	黄

好了，现在我们数一数，在红、黄骰子的 9 次对决中，哪种骰子赢的概率更大？显然是黄骰子，它赢了 5 次，而红骰子只

赢了 4 次。既然这样，我们应该每次都选择黄骰子，但真的是这样吗？咱们再继续比较一下黄、蓝两个骰子。

黄骰子　蓝骰子	1	5	9
2	蓝	黄	黄
6	蓝	蓝	黄
7	蓝	蓝	黄

数一数就能发现，在黄、蓝骰子的 9 次对决中，蓝骰子赢了 5 次，而黄骰子只赢了 4 次，这说明，用蓝骰子比用黄骰子赢的概率更大。

这下就好办了，我们知道了这样的顺序：在优势上，蓝骰子 > 黄骰子 > 红骰子。

看到这里，大家可能认为，只要每次都选择蓝骰子，那么玩的次数越多，赢的概率就越大。

可是，事实真的是这样吗？有的同学估计会发现，似乎少了点儿什么。没错，我们还没有用红骰子和蓝骰子进行比较呢。没有比较，我们还不能下结论。

红骰子 ＼ 蓝骰子	2	6	7
3	红	蓝	蓝
4	红	蓝	蓝
8	红	红	红

哎呀，真是不比不知道，一比吓一跳。红、蓝骰子的9次对决中，红骰子竟然能赢5次，而蓝骰子只能赢4次。

这说明，红、黄、蓝3个骰子各有优势，蓝骰子的优势大于黄骰子，黄骰子的优势大于红骰子，而红骰子的优势大于蓝骰子。

所以，我们硬要找出哪种骰子优势最大，是找不到的。那么优势在哪里？在于摇骰子的先后顺序，如果八戒选择红骰子，摊主就会选择黄骰子；如果八戒选择黄骰子，那么摊主就选择蓝骰子，以此类推。只要后选骰子，赢的可能性就会更大，这就是八戒和小唐同学输个精光的原因。

"原来是这样！"八戒明白后，气得在房间里跺脚，"难怪，那个摊主每次都是让我们先选骰子，真狡猾！"

"不是他狡猾，而是你们不听劝告，非要去玩。"我说，"如果玩法对摊主不利，他还会让你们玩吗？"

"我不管，反正我输了，我得去赢回来。这次我要让他先摇骰子。"八戒说着，就要往门外走，走到门边才想起，自己身上已经没钱了。于是他拐回来，走到沙沙同学面前："师弟，你借我一些钱吧。"

"不借！"沙沙同学一口回绝。

"你不借，我就拿一枚金币去换钱！反正那是我赢来的。"八戒威胁道。

"你也好意思说，哼！"悟空说，"若不是寒老师提醒你，你会知道纳多林王国的那条法律没有用？"

"这点我承认。"八戒说，"但是，如果不是我厚着脸皮，提出跟国王赌金币，他等不到咱们把话说完，就会把咱们赶出去了。"

"这个……"悟空说，"我不管，反正金币是大家的，不是你一个人的。"

八戒怎么也推不开挡在面前的悟空，最后不得不让步："好好好，我承认，金币是大家的。但是，你得借我一些钱，这次我准能赢，到时候我加倍还你。"

"首先，现在已经是晚上 7 点多了，那个摊主早收摊回家了。"我说，"其次，就算他还没收摊，你去找他，让他先摇，你后摇，摊主肯定就会明白，你已经知道了赢的诀窍，那么他就会随便找个理由，比如说肚子疼，或者家里有事，不跟你继续玩下去。所以，你是赢不回来的。"

"那……"八戒愤愤地说，"那我就明天一早去找他。我绝不会让他随便收摊的。"

"对！"小唐同学附和道，"哪能他想玩就玩，不想玩就不玩呀。"

"还有一点，我忘记告诉你们了。"我说，"大街上的那些玩扑克、摇骰子的小摊，别看摊主只是一个人，其实，他背后有好多人呢，但你们看不出来。等你们去找麻烦的时候，或者是你们赢得太多的时候，他们就会出来了。"

"啊？这样呀……"小唐同学犹豫了。

"一般都是这样的。"我说，"所以，你们记住，千万不要赌博。"

"还有，明天就该上路了。"悟空说，"如果八戒明天想去玩，就让他一个人去，我们先走。"

"这……"八戒一脸难过，不想掉队。

"别郁闷了，就当是花钱买个教训。"沙沙同学拍了拍八戒的肩膀。

"这教训也太大了，我……我现在都没钱吃晚饭了。"八戒一脸沮丧，跺了一下脚，就走回床边坐了下来，埋着头。

小唐同学转头看着八戒，一副同病相怜的样子："为师也是。"

"我倒是有个主意。今晚我和沙沙同学请客，寒老师、八戒和师父免费吃。"悟空望了一眼八戒，又看了一眼小唐同学，"不

过，明天的担子得由八戒和师父轮流挑。怎么样？"

"好主意。"沙沙同学拍手赞同。

八戒和小唐同学本来两眼放光，可听到悟空提出的条件后，两个人对望一眼，更加欲哭无泪。输了钱不说，明天还要出力气，但是，他俩也没有别的办法，只好同意。

月明星稀，我们走出旅馆，在外面找了一家好吃的面馆，饱饱地吃了一顿晚餐。

第二天一大早，我们离开了紫韵城，也就是八戒口中的福地——概率城。只可惜，概率城非但没有给八戒带来好运，反而成了他和小唐同学的伤心之城。

我们离开这里，调整好心情，再次踏上了新的未知旅程……